丛书主编 金雅

中华人生论美学经典悦读书系

宗白华哲诗人生论美学文萃

本卷原著 宗白华

本卷选鉴 欧阳文风
　　　　 李瑞明
　　　　 刘广新

中国文联出版社

http://www.clapnet.cn

图书在版编目（CIP）数据

宗白华哲诗人生论美学文萃 / 金雅主编 . — 北京：
中国文联出版社，2017.9
（中华人生论美学经典悦读书系）
ISBN 978-7-5190-3042-1

Ⅰ . ①宗… Ⅱ . ①金… Ⅲ . ①宗白华（1897–1986）
– 美学思想 – 文集 Ⅳ . B83–092

中国版本图书馆 CIP 数据核字（2017）第 227527 号

宗白华哲诗人生论美学文萃

作　　者：金　雅

出 版 人：朱　庆
终 审 人：朱彦玲　　　　　　　　　　复 审 人：王　军
责任编辑：刘　旭　　　　　　　　　　责任校对：傅泉泽
封面设计：孙　璐　卜凌冰　　　　　　责任印制：陈　晨

出版发行　中国文联出版社
地　　址：北京市朝阳区农展馆南里 10 号，100125
电　　话：010-85923043（咨询）85923000（编务）85923020（邮购）
传　　真：010-85923000（总编室），010-85923020（发行部）
网　　址：http://www.clapnet.cn　　http://www.claplus.cn
E－mail：clap@clapnet.cn　　liux@clapnet.cn

印　　刷：廊坊市海涛印刷有限公司
装　　订：廊坊市海涛印刷有限公司
法律顾问：北京天驰君泰律师事务所徐波律师
本书如有破损、缺页、装订错误，请与本社联系调换

开　　本：710×1000　　　　　　　　1/16
字　　数：257 千字　　　　　　　　　印　　张：16.75
版　　次：2018 年 2 月第 1 版　　　　印　　次：2018 年 2 月第 1 次印刷
书　　号：ISBN 978-7-5190-3042-1
定　　价：58.00 元

目 录

目　录

导读　人生论美学与中华美学精神

金　雅

一

中华文化和哲学具有浓郁的人生精神，关注现实，关怀生存，关爱生命。相比于西方文化的认识论和科学论的主导地位，中华文化和哲学的根底就是人生论的。这种源远流长的深厚传统，也深刻影响了中华美学的情趣韵致。如果说西方美学自古希腊以来就叩问"何为美"的问题，即关注美自身的本体性问题；那么中华美学自先秦以来就叩问"美何为"的问题，即关注美对于人的功用性和价值性问题。

中华古典美学有着丰富的人生美学思想和人生审美情韵，但没有自觉系统的理论建构。20 世纪上半叶，梁启超、朱光潜、宗白华、丰子恺等在内的一批中国现代美学（育）家，可以说是人生论美学思想最早的倡导者。

人生论美学的核心命题是审美艺术人生的关系问题、真善美的关系问题、物我有无出入的关系问题。中国古典美学非常重视美善的关联，涵育了"大美不言"、"尽善尽美"等思想学说，着重从人与自然、与他人的关系视阈，阐发美的伦理尺度。中国现代美学既传承了民族美学的精神，也吸纳了西方美学的滋养，将美善的两维关联拓展到真善美的三维关联。中国现代美学诸大家，包括本丛书所选四家，都是主张真善美的贯通的。即不崇尚西方现代理论美学所崇扬的粹美或唯美，而是崇扬真善美贯通之大美。真善美贯通的大美观，奠定了中华美学的基本美论品格，这也是人生论美学的核心理论基石。这种美论，引领审美逸出自身的小天地，广涵艺术、自然、人生，要求审美主体超越一己的小情和生活的常情，追求诗性之美情，彰显了以远功利而入世的诗性超越旨趣为内核的、既执着深沉又高旷超逸的独特的民族美学精神。

本丛书所选诸文，既是人生论美学的思想经典，又是雅俗共赏的哲诗感悟，既可触可思，亦可品可鉴。好多文章不仅观点深邃精到，且美情蕴溢，美趣横生，文字生动，开合恣肆，没有那种高头讲章板着面孔说话的呆板情状。

二

"趣味"是梁启超美学精神的精髓。梁启超认为，趣味是内发情感和外受环境的"交媾"，是个体、众生、自然、宇宙的"迸合"，也是蕴溢"春意"的"美境"。他说："问人类生活于什么？我便一点不迟疑答道：'生活于趣味'"；"假如有人问我：'你信仰的什么主义？'我便答道：'我信仰的是趣味主义？'有人问我：'你的人生观拿什么做根柢？'我便答道：'拿趣味做根柢？'"；"倘若用化学化分'梁启超'这件东西，把里头所含一种元素名叫'趣味'的抽出来，只怕所剩下仅有个'O'了"。梁启超主张"凡人必常常生活于趣味之中，生活才有价值"。他突破了中西美学和艺术思想中将趣味仅仅作为艺术范畴或审美范畴的界定，而拓展为一种广义的生命意趣，倡扬以趣味来创化和观审自然、艺术、人。他以"'知不可而为'主义"与"'为而不有'主义""'无所为而为'主义""生活的艺术化""美术人"等范畴和命题，来阐发趣味之境和趣味之人。他提出"人类固然不能个个都做供给美术的'美术家'，然而不可不个个都做享用美术的'美术人'"。这个"美术人"，实际上就是趣味的人。梁启超的趣味在根底上就是一种不执成败不计得失的不有之为的纯粹生命实践精神，也是一种内蕴责任、从心畅意、不着功利、超逸自在的人生论美学精神。趣味的实现，在梁启超这里，也就是一种生命的自由舒展，是知情意的和谐，是真善美的贯通，是美情的创化，也是创造与欣赏的统一。

梁启超和王国维、蔡元培并称中国现代美学三大开拓者和奠基人。梁启超的美学以趣味为核心范畴，他也是趣味精神的倡导者和力行者。他的人生可以说是践履趣味精神的活生生的典范。他自己说，每天除了睡觉外，没有一分钟一秒钟不是积极的活动，不仅不觉得疲倦，还总是津津有味，兴会淋漓，顺利成功时有乐趣，曲折层累时也有乐趣，问学教人时有乐趣，写字种花时亦有乐趣。他总结自己的趣味哲学，就是"得做且做"，活泼愉快；而不是"得过且过"，烦闷苦痛。

梁启超的夫人卧病半年，他日日陪伴床榻，一面是"病人的呻吟"和"儿女的涕泪"，一面则择空集古诗词佳句，竟成二三百幅对联。他又让友人亲朋依自己所好拣择，再书之以赠。

梁启超的儿女个个成才，一门出了三个院士。他可以说是天底下最懂得也最擅长子女教育的父亲了，他贯彻的就是趣味教育的准则。他称呼孩子们"达达""忠忠""老白鼻""小宝贝庄庄""宝贝思顺"，算得上 20 世纪初年的萌父了。他的家书亲情浓挚，生动活泼，睿智机趣，境界高洁。如他 1927 年 2 月16 日写给孩子们的信，就回答了长子思成提出的有用无用的问题，既指出只要人人发挥其长贡献于社会即为有用，又指出用有大用和小用之别，最后强调要"莫问收获，但问耕耘"，实质上就是阐发了他所倡扬的趣味精神。对于孩子们的学业，梁启超既主张学有专精，又不赞成太过单调，鼓励子女在所学专业之外学点文学和人文学。生物学是当时新兴的学科，梁启超希望次女思庄修学此科，但思庄自己喜欢图书馆学，梁启超最终还是尊重了思庄自己的趣好。

1926 年 3 月，梁启超因便血入协和医院诊治，主刀医生竟将左右侧弄错，把右侧好肾切除了。梁启超术后不见好转，友人、学生、家人纷纷要问责协和医院，他自己却豁达处之，不仅写信劝解孩子们，还撰文《我的病和协和医院》发表在《晨报副镌》上，替协和辩解，主张还是要支持西医的引进。这样的气度，没有一些趣味的精神，恐难致达。

中国文论讲"文如其人""言为心声"，梁启超的美学文章也是他整个生命神韵和人格精神的生动写照。他以趣味言美，对艺对人，无不以此为赏。他独具只眼，誉杜甫为"情圣"，认为他的美在于"热肠"和"同情"；陶渊明的美并非追求"隐逸"，而在崇尚"自然"。而论屈原，梁启超赞赏他的美就在"All or nothing"的决绝。他批评中国女性文学，"大半以'多愁多病'为美人模范"，不无幽默地宣称"往后文学家描写女性，最要紧先把美人的健康恢复才好"。

梁启超的趣味范畴，突破了囿于审美论或艺术论的单一视域，而将审美、艺术、人生相涵融。梁启超的趣味范畴，在 20 世纪上半叶产生了重要的影响，朱光潜、丰子恺的美学文章中都有大量运用。作为人生论美学的重要范畴之一，趣味在中华美学精神的传承创化中不容忽视，尤其是这一范畴对情的核心作用的肯定和对美情创化的弘扬，更是彰显了中华美学独特的美论取向和美趣神韵。

三

朱光潜美学思想的核心范畴是"情趣"。他说，"艺术是情趣的活动，艺术的生活也就是情趣丰富的生活"；"所谓人生的艺术化就是人生的情趣化"。

朱光潜的情趣范畴直接受到了梁启超趣味范畴的影响。梁朱渊源颇深。这一点，朱光潜自己多有表述。他曾谈到，自己在"私塾里就酷爱梁启超的《饮冰室文集》"，此书对他"启示一个新天地"；"此后有好多年"，自己是"梁任公先生的热烈的崇拜者"；而且，"就从饮冰室的启示"，"开始对于小说戏剧发生兴趣"。20 世纪 20 年代初，梁启超以"无所为而为主义"亦即不有之为的精神来阐发趣味的范畴，并认为这种主义也就是"生活的艺术化"。30 年代初，朱光潜在《谈美》中集中阐发了情趣的范畴和"人生的艺术化"的命题，认为科学活动（真）、伦理活动（善）、审美活动（美）在最高的层面上是统一的，都是"无所为而为的玩索"，是创造与欣赏、看戏与演戏的统一。朱光潜和梁启超之间既有明显的相通之点，但朱光潜也有自己的发展和特点。如果说，梁启超更重审美人生的伦理品格，强调提情为趣；朱光潜则更重审美人生的艺术情致，重视化情为趣。也可以说，梁启超的"趣味"精神更具崇高之美质，朱光潜的"情趣"精神则更著静柔之旷逸。梁启超是把"无为"转化为不有之"进合"，朱光潜是把"无为"转化为去俗之"玩索"。

朱光潜的《给青年的十二封信》《谈美》《文艺心理学》《诗论》等著作，流播甚广，迄今都是学习美学的入门书。他的文章文字流畅，说理通透，通俗易懂。1925–1933 年，朱光潜留学欧洲，在英法等国学习，先后取得硕士和博士学位。他的《谈美》《文艺心理学》《诗论》等初稿，都在欧洲期间完成。朱自清认为最能代表朱光潜美学特色的是"人生的艺术化"思想。朱自清在《〈谈美〉序》中说："人生的艺术化"是"孟实先生自己最重要的理论。他分人生为广狭两义：艺术虽与'实际人生'有距离，与'整个人生'却并无隔阂；'因为艺术是情趣的表现，而情趣的根源就在人生'"，"孟实先生引读者由艺术走入人生，又将人生纳入艺术之中"，"这样真善美便成了三位一体了"。

朱光潜一生致力于美学的研究和译介，希望将美感的态度推到人生世相，秉承"以出世的精神，做入世的事业"。1924 年，从港大回来的朱光潜，到春晖中学任教，他结识了一批性情相投的好友，尤其欣赏"无世故气，亦无矜持气"的丰子恺和"虽严肃，却不古板不干枯"的朱自清。十年浩劫中，朱光潜被抄家、挨批斗、关牛棚，但他在困境中仍孜孜问学，雅逸洒脱，践行了他自己以情趣为宗旨的人生信条。

朱光潜的《西方美学史》写得平易晓畅，迄今仍是中国人了解学习西方美学最为经典的著作之一，但他最具影响、流播最广的美学著作则首推《谈美》。《谈美》写于 1932 年，被称为《给青年的十二封信》之后的"第十三封信"，也被称为通俗版的"文艺心理学"。实际上，《谈美》就是把审美、艺术、人生串联起来，它的核心宗旨就是让当时的青年，以艺术的精神求人生的美化，即追求"人生的艺术化"。《谈美》正文共 15 篇，第一篇以人与古松的关系为例，分析了实用的、科学的、美感的三种态度，提出了何为美感的问题。接着逐篇切入艺术和审美中的各种具体问题，如距离、移情、快感、联想、想象、灵感、模仿、游戏等，最后终篇为"人生的艺术化"，朱光潜将此命题总结阐发为"慢慢走，欣赏啊"的诗意情趣。这篇文笔优美的美学文章，写得深入浅出，机趣灵动，体现了作者很好的美学修养和高逸的品格胸怀，广为读者喜爱。也正是因为这篇美文，"人生的艺术化"逐渐定型为 20 世纪三、四十年代中国美学、艺术、文化思想中一个重要的理论命题，产生了广泛的影响。

四

宗白华的美学是中国现代美学"哲诗"精神的典范之一。他的美学文章，既是轻松自在的精神散步，又内蕴温暖深沉的诗情哲韵。

朱光潜和宗白华并称中国现代美学的"双峰"。两位大师同年生同年逝，同沐古皖自然人文，同留学欧洲学习哲学和美学，晚年亦同在北京大学任教。他们都学问冠绝，质朴无华，真情真性。20 世纪 50 年代，在北京生活的宗白华常常挎着一个装干粮的挎包，拿着一根竹手杖，挤公共汽车去听戏看展，有时夜深了没有回程车了，他便悠然步行回家。宗白华家里有一尊青玉佛头，他非常喜欢，置于案头，经常把玩，伴其一生。抗战中宗白华曾离家避难，仓促中不忘将佛头先埋入园中枣树下。佛头低眉瞑目，秀美慈祥，朋友们认为宗白华也有神似之韵，戏称之"佛头宗"。宗白华才华横溢，年少成名，20 世纪 30 年代就是中央大学的名教授，当时学术界举足轻重的人物了。但他从不恃才傲物，计较名利。50 年代调到北京大学后，学校给他评了个三级教授，而他的学生都评上二级教授了。宗白华则风神洒脱，坦然处之。

宗白华的美学深味生命之诗情律动。他叩问"小己"和"宇宙"的关系，探研"小我"和"人类"情绪颤动的协和整饬。他提出了一个重要的范畴——生命情调。生命情调在他看来，就是个体生命和宇宙生命的核心，是"至动而有条理""至动而有韵律"的矛盾和谐，是刚健清明、深邃幽旷的"生命在和谐的形式中"，既"是极度的紧张"，也"回旋着力量，满而不溢"。

宗白华的美学从艺术关照生命与宇宙，把四时万物、自然天地融通为一，意在提携"全世界的生命"，"得其环中"而"超以象外"，能空、能舍，能深、能实，"深入生命节奏的核心"，直抵生命的本原和宇宙的真体，超入美境，"给人生以'深度'"。亦正因此，宗白华自豪地说："我们任何一种生活都可以过，因为我们可以由自己给予它深沉永久的意义。"

《歌德之人生启示》作于 1932 年。文章开篇，宗白华就提出了"人生是什么？人生的真相如何？人生的意义何在？人生的目的是何？"这四个"人生最重大、最中心"的问题。全文以歌德的人生为例，作出了生动深刻的诠释。歌德是宗白华最为推崇的伟大诗人之一，文章内蕴热烈激越的情感，又化绚烂为平静，引动象入秩序，文与诗交错，极富美意哲韵。

在早年作品《青年烦闷的解救法》《新人生观问题的我见》中，宗白华就明确提出了"艺术的人生观"的问题，倡导"艺术的人生态度"和大众艺术教育。他的名篇《中国文化的美丽精神往哪里去》《唐人诗歌中所表现的民族精神》《论〈世说新语〉和晋人的美》等，均将审美、艺术、人生相关联。《唐人诗歌中所表现的民族精神》认为文学是民族精神的象征，唐人诗歌体现的正是中华民族铿锵慷慨的民族自信力。《论〈世说新语〉和晋人的美》论析了晋人简约玄澹、超然绝俗的人格个性和美感神韵。《中国文化的美丽精神往哪里去》则指出中国哲人本能地找到了事物的旋律的秘密，即宇宙生生不已的节奏，而端庄流利的艺术就是其象征物，也是我们和生命、和宇宙对话的具体通道。宗白华在此文中说，在"生存竞争剧烈的时代"，我们的"灵魂粗野了，卑鄙了，怯懦了"，"我们丧尽了生活里旋律的美（盲动而无秩序）、音乐的境界（人与人之间充满了猜忌、斗争）"，"这就是说没有了国魂，没有了构成生命意义、文化意义的高等价值"。他惆怅而尖锐地叩问"中国精神应该往哪里去"？

《中国艺术意境之诞生》是宗白华美学思想最为重要的代表作品之一。该文首次发表于 1943 年，1944 年发表增订稿。他在引言中说："历史上向前一步的进展，往往地伴着向后一步的探本穷源"；"现代的中国站在历史的转折点。新的局面必将展开"。在此文中，宗白华指出中国艺术是中国文化最中心最有世界贡献的方面，而意境恰是中国心灵的幽情壮采的表征。研寻意境的特构，正是中国文化的一种自省。他认为，艺术意境从主观感相的模写，活跃生命的传达，到最高灵境的启示，是一个境界层深的创构，也是人类最高心灵的具体化、肉身化。艺术诗心映射着天地诗心，艺术表演着宇宙的创化。中国的艺术意境传达着中国心灵的宇宙情调。

五

丰子恺被誉为"中国现代最像艺术家的艺术家"。他虽以漫画最负盛名，亦广涉音乐、书法、文学等领域，在画乐诗书中自如穿梭，在诸多方面都取得了很高的成就。他的美学思想是以身说法，身体力行，且高度重视艺术教育的人生意义。

丰家祖居浙西石门。在私塾求学时，丰子恺就善描人像，有"小画家"盛名。后拜李叔同为师，深受影响，痴迷美术和音乐。1919 年 11 月，他和姜丹书、周湘、欧阳予倩等共同发起成立"中华美育会"，这是中国美学史上第一个全国性的美学组织。1920 年 4 月，中华美育会会刊《美育》创办出版，这是中国第一本美育学术刊物，丰子恺是编辑之一。

在《美育》创刊号上，丰子恺发表了《画家之生命》，提出画家之生命不在"表形"，其最要者乃"独立之趣味"。何谓趣味，丰子恺力主其要旨在"真率"。他以"成人"和"孩子"，分别指代实用的、功利的、虚伪的，和艺术的、真率的、趣味的。他说："童心，在大人就是一种'趣味'。培养童心，就是涵养趣味。"这个"童心"，是丰子恺对艺术精神和美感意趣的比喻，而不是真的要人去做回小孩子。在丰子恺这里，"儿童""顽童""小人"各有所指。他讲过一个叫华明的儿童的故事。华明一开始是个"毫无爱美之心，敢用小便去摧残雪景"的顽童。但通过和一对酷爱美术的姐弟逢春和如金的交往，提升了自己的艺术情趣和美感修养，逐渐学会了欣赏艺术、生活、自然中多种多样的美。其中讲到有个夏天月夜，华明和俩姐弟一起欣赏月下竹影，并用木炭在水门汀上描画。"月亮渐渐升上来，竹影渐渐与地上描着的木炭线相分离，现出参差不齐的样子来，好象脱了版的印刷"。华明非常珍惜，和大家告别说："明天日里头来看这地上描着的影子，一定更好看。但希望天不要下雨，洗去了我们的'墨竹'"。这与一开始的顽劣形象，判若两人。在丰子恺这里，"顽童"是少不更事，未失天真，他那颗美的"童心"尚未激活，因此需要艺术和美育。但"小人"就不同了，他是自甘沉沦的大人，是"或者为各种'欲'所迷，或者为物质的困难所压迫"的钻进"世网"的"奴隶"，他们的精神世界是顺从、屈服、消沉、诈伪、险恶、卑怯、浅薄、残忍等种种非艺术的品性。"大人化"在丰子恺这里是个贬义词。他把艺术家比喻为"大儿童",是用"真率"的"童心"来抵御"大人化"的"真艺术家"。丰子恺强调,"真艺术家"即使不画一笔,不吟一字,不唱一句,他的人生也早已是伟大的艺术品,"其生活比有名的艺术家的生活更'艺术'"。

丰子恺的《从梅花说到美》《从梅花说到艺术》《新艺术》《艺术教育的原理》《童心的培养》《艺术与人生》等文,均写得深入浅出,生动易读。抗战期间,他还写了《桂林艺术讲话》(之一、之二、之三),力主"'万物一体'是中华文化思想的大特色",是"最高的艺术论",而"中国是最艺术的国家",我们"必须把艺术活用于生活中","美化人类的生活"。"最伟大的艺术家",就是"以全人类为心的大人格者"。这样的人,在神圣的抗战中,也必至仁有为。他说,美德和技术合成艺术;若误用技术,反而害人。这些思想,都体现了人生论美学家的共同原则,即不将美从鲜活的生活中割裂出去,不主张从理论到理论的封闭的美学路径,而是主张审美艺术人生的统一,倡扬真善美的贯通,引领物我有无出入之超拔。

中国艺术意境之诞生（增订稿）

引言

世界是无穷尽的，生命是无穷尽的，艺术的境界也是无穷尽的。"适我无非新"（王羲之诗句），是艺术家对世界的感受。"光景常新"，是一切伟大作品的烙印。"温故而知新"，却是艺术创造与艺术批评应有的态度。历史上向前一步的进展，往往地伴着向后一步的探本穷源。李、杜的天才，不忘转益多师。十六世纪的文艺复兴追慕着希腊，十九世纪的浪漫主义憧憬着中古。二十世纪的新派且溯源到原始艺术的浑朴天真。

现代的中国站在历史的转折点。新的局面必将展开。然而我们对旧文化的检讨，以同情的了解给予新的评价，也更显重要。就中国艺术方面——这中国文化史上最中心最有世界贡献的一方面——研寻其意境的特构，以窥探中国心灵的幽情壮采，也是民族文化的自省工作。希腊哲人对人生指示说："认识你自己！"近代哲人对我们说："改造这世界！"为了改造世界，我们先得认识。

一、意境的意义

龚定庵在北京，对戴醇士说："西山有时渺然隔云汉外，有时苍然堕几席前，不关风雨晴晦也！"西山的忽远忽近，不是物理学上的远近，乃是心中意境的远近。

方士庶在《天慵庵随笔》里说："山川草木，造化自然，此实境也。因心造境，以手运心，此虚境也。虚而为实，是在笔墨有无间，——故古人笔墨具此山苍树秀，水活石润，于天地之外，别构一种灵奇。或率意挥洒，亦皆炼金成液，弃滓存精，曲尽蹈虚揖影之妙。"中国绘画的整个精粹在这几句话里。本文的千言万语，也只是阐明此语。

恽南田《题洁庵图》说："谛视斯境，一草一树、一丘一壑，皆洁庵（指唐洁庵）灵想之所独辟，总非人间所有。其意象在六合之表，荣落在四时之外。将以尻轮神马，御泠风以游无穷。真所谓藐姑射之山，汾水之阳，尘垢秕糠，绰约冰雪。时俗龌龊，又何能知洁庵游心之所在哉！"

画家诗人"游心之所在"，就是他独辟的灵境，创造的意象，作为他艺术创作的中心之中心。

什么是意境？人与世界接触，因关系的层次不同，可有五种境界：（1）为满足生理的物质的需要，而有功利境界；（2）因人群共存互爱的关系，而有伦理境界；（3）因人群组合互制的关系，而有政治境界；（4）因穷研物理，追求智慧，而有学术境界；（5）因欲返本归真，冥合天人，而有宗教境界。功利境界主于利，伦理境界主于爱，政治境界主于权，学术境界主于真，宗教境界主于神。但介乎后二者的中间，以宇宙人生的具体为对象，赏玩它的色相、秩序、节奏、和谐，借以窥见自我的最深心灵的反映；化实景而为虚境，创形象以为象征，使人类最高的心灵具体化、肉身化，这就是"艺术境界"。艺术境界主于美。

所以一切美的光是来自心灵的源泉：没有心灵的映射，是无所谓美的。瑞士思想家阿米尔（Amiel）说：

一片自然风景是一个心灵的境界。

中国大画家石涛也说：

山川使予代山川而言也。……山川与予神遇而迹化也。

艺术家以心灵映射万象，代山川而立言，他所表现的是主观的生命情调与客观的自然景象交融互渗，成就一个鸢飞鱼跃，活泼玲珑，渊然而深的灵境；这灵境就是构成艺术之所以为艺术的"意境"。（但在音乐和建筑，这时间中纯形式与空间中纯形式的艺术，却以非模仿自然的景象来表现人心中最深的不可名的意境，而舞蹈则又为综合时空的纯形式艺术，所以能为一切艺术的根本形态，这事后面再说到。）

意境是"情"与"景"（意象）的结晶品。王安石有一首诗：

杨柳鸣蜩绿暗，荷花落日红酣。
三十六陂春水，白头相见江南。

前三句全是写景，江南的艳丽的阳春，但着了末一句，全部景象遂笼罩上，啊，渗透进，一层无边的惆怅，回忆的愁思，和重逢的欣慰，情景交织，成了一首绝美的"诗"。

元人马东篱有一首《天净沙》小令：

枯藤老树昏鸦，小桥流水人家，
古道西风瘦马，夕阳西下——
断肠人在天涯！

也是前四句完全写景，着了末一句写情，全篇点化成一片哀愁寂寞，宇宙荒寒，怅触无边的诗境。

艺术的意境，因人因地因情因景的不同，现出种种色相，如摩尼珠，幻出多样的美。同是一个星天月夜的景，影映出几层不同的诗境：

元人杨载《景阳宫望月》云：

> 大地山河微有影，九天风露浩无声。

明画家沈周（石田）《写怀寄僧》云：

> 明河有影微云外，清露无声万木中。

清人盛青嵝咏《白莲》云：

> 半江残月欲无影，一岸冷云何处香。

杨诗写涵盖乾坤的封建的帝居气概，沈诗写迥绝世尘的幽人境界，盛诗写风流蕴藉，流连光景的诗人胸怀。一主气象，一主幽思（禅境），一主情致。至于唐人陆龟蒙咏白莲的名句："无情有恨何人见，月晓风清欲堕时。"却系为花传神，偏于赋体，诗境虽美，主于咏物。

在一个艺术表现里情和景交融互渗，因而发掘出最深的情，一层比一层更深的情，同时也透入了最深的景，一层比一层更晶莹的景；景中全是情，情具象而为景，因而涌现了一个独特的宇宙，崭新的意象，为人类增加了丰富的想象，替世界开辟了新境，正如恽南田所说"皆灵想之所独辟，总非人间所有！"这是我的所谓"意境"。"外师造化，中得心源"。唐代画家张璪这两句训示，是这意境创现的基本条件。

二、意境与山水

元人汤采真说："山水之为物，禀造化之秀，阴阳晦暝，晴雨寒暑，朝昏昼夜，随形改步，有无穷之趣，自非胸中丘壑，汪汪洋洋，如万顷波，未易摹写。"

艺术意境的创构，是使客观景物作我主观情思的象征。我人心中情思起伏，波澜变化，仪态万千，不是一个固定的物象轮廓能够如量表出，只有大自然的全幅生动的山川草木，云烟明晦，才足以表象我们胸襟里蓬勃无尽的灵感气韵。恽南田题画说："写此云山绵邈，代致相思，笔端丝粉，皆清泪也。"山水成了诗人画家抒写情思的媒介，所以中国画和诗，都爱以山水境界做表现和咏味的中心。和西洋自希腊以来拿人体做主要对象的艺术途径迥然不同。董其昌说得好："诗以山川为境，山川亦以诗为境。"艺术家禀赋的诗心，映射着天地的诗心。（《诗纬》云："诗者天地之心。"）山川大地是宇宙诗心的影现；画家诗人的心灵活跃，本身就是宇宙的创化，它的卷舒取舍，好似太虚片云，寒塘雁迹，空灵而自然！

三、意境创造与人格涵养

这种微妙境界的实现，端赖艺术家平素的精神涵养，天机的培植，在活泼泼的心灵飞跃而又凝神寂照的体验中突然地成就。元代大画家黄子久说："终日只在荒山乱石，丛木深篠中坐，意态忽忽，人不测其为何。又每往泖中通海处看急流轰浪，虽风雨骤至，水怪悲诧而不顾。"宋画家米友仁说："画之老境，于世海中一毛发事泊然无着染。每静室僧趺，忘怀万虑，与碧虚寥廓同其流。"黄子久以狄阿理索斯（Dionysius）的热情深入宇宙的动象，米友仁却以阿波罗（Apollo）式的宁静涵映世界的广大精微，代表着艺术生活上两种最高精神形式。

在这种心境中完成的艺术境界自然能空灵动荡而又深沉幽渺。南唐董源说："写江南山，用笔甚草草，近视之几不类物象，远视之则景物灿然，幽情远思，如睹异境。"艺术家凭借他深静的心襟，发现宇宙间深沉的境地；他们在大自然里"偶遇枯槎顽石，勺水疏林，都能以深情冷眼，求其幽意所在"。黄子久每教人作深潭，以杂树溣之，其造境可想。

所以艺术境界的显现，绝不是纯客观地机械地描摹自然，而以"心匠自得为高"（米芾语）。尤其是山川景物，烟云变灭，不可临摹，须凭胸臆的创构，才能把握全景。宋画家宋迪论作山水画说：

> 先当求一败墙，张绢素讫，朝夕视之。既久，隔素见败墙之上，高下曲折，皆成山水之象，心存目想：高者为山，下者为水，坎者为谷，缺者为涧，显者为近，晦者为远。神领意造，恍然见人禽草木飞动往来之象，了然在目，则随意命笔，默以神会，自然景皆天就，不类人为，是谓活笔。

他这段话很可以说明中国画家所常说的"丘壑成于胸中，既窜发之于笔墨"，这和西洋印象派画家莫奈（Monet）早、午、晚三时临绘同一风景至于十余次，刻意写实的态度，迥不相同。

四、禅境的表现

中国艺术家何以不满于纯客观的机械式的模写？因为艺术意境不是一个单层的平面的自然的再现，而是一个境界层深的创构。从直观感相的模写，活跃生命的传达，到最高灵境的启示，可以有三层次。蔡小石在《拜石山房词》序里形容词里面的这三境层极为精妙：

> 夫意以曲而善托，调以杳而弥深。始读之则万萼春深，百色妖露，积雪缟地，余霞绮天，此一境也。（这是直观感相的渲染）再读之，则烟涛澒洞，霜飙飞摇，骏马下坡，泳鳞出水，又一境也。（这是活跃生命的传达）卒读之，而皎皎明月，仙仙白云，鸿雁高翔，坠叶如雨，不知其何以冲然而澹，翛然而远也。（这是最高灵境的启示）

江顺贻评之曰："始境，情胜也。又境，气胜也。终境，格胜也。""情"是心灵对于印象的直接反映，"气"是"生气远出"的生命，"格"是映射着人格的高尚格调。西洋艺术里面的印象主义、写实主义，是相等于第一境层。浪漫主义倾向于生命音乐性的奔放表现，古典主义倾向于生命雕像式的清明启示，都相当于第二境层。至于象征主义、表现主义、后期印象派，它们的旨趣在于第三境层。

而中国自六朝以来，艺术的理想境界却是"澄怀观道"（晋宋画家宗炳语），在拈花微笑里领悟色相中微妙至深的禅境。如冠九在《都转心庵词序》中说得好：

> "明月几时有"，词而仙者也。"吹皱一池春水"，词而禅者。仙不易学而禅可学。学矣，而非栖神幽遐，涵趣寥旷，通拈花之妙悟，穷非树之奇想，则动而为沾滞之音矣。其何以澄观一心，而腾踔万象。是故词之为境也，空潭印月，上下一澈，屏知识也。清馨出尘，妙香远闻，参净因也。鸟鸣珠箔，群花自落，超圆觉也。

澄观一心而腾踔万象，是意境创造的始基，鸟鸣珠箔，群花自落，是意境表现的圆成。

绘画里面也能见到这意境的层深。明画家李日华在《紫桃轩杂缀》里说：

> 凡画有三次第：一曰身之所容。凡置身处，非遽密，即旷朗，水边林下，多景所凑处是也。（按：此为身边近景）二曰目之所瞩。或奇胜，或渺迷，泉落云生，帆移鸟去是也。（按：此为眺瞩之景）三曰意之所游。目力虽穷，而情脉不断处是也。（按：此为无尽空间之远景）又有意有所忽处，如写一树一石，必有草草点染取态处。（按：此为有限中见取无限，传神写生之境）写长景必有意到笔不到，为神气所吞处，是非有心于忽，盖不得不忽也。（按：此为借有限以表现无限，造化与心源合一，一切形象都形成了象征境界）其于佛法相宗所云极迥色极略色之谓也。

于是绘画由丰满的色相达到最高心灵境界，所谓禅境的表现，种种境层，以此为归宿。戴醇士曾说："恽南田以'落叶聚还散，寒鸦栖复惊'（李白诗句）品一峰（黄子久）笔，是所谓孤蓬自振，惊沙坐飞，画也而几乎禅矣！"禅是动中的极静，也是静中的极动，寂而常照，照而常寂，动静不二，直探生命的本原。禅是中国人接触佛教大乘义后体认到自己心灵的深处而灿烂地发挥到哲学境界与艺术境界。静穆的观照和飞跃的生命，构成艺术的两元，也是构成"禅"的心灵状态。《雪堂和尚拾遗录》里说："舒州太平灯禅师颇习经论，傍教说禅。白云演和尚以偈寄之曰：'白云山头月，太平松下影，良夜无狂风，都成一片境。'灯得偈颂之，未久，于宗门方彻渊奥。"禅境借诗境表达出来。

所以中国艺术意境的创成，既须得屈原的缠绵悱恻，又须得庄子的超旷空灵。缠绵悱恻，才能一往情深，深入万物的核心，所谓"得其环中"。超旷空灵，才能如镜中花，水中月，羚羊挂角，无迹可寻，所谓"超以象外"。色即是空，空即是色，色不异空，空不异色，这不但是盛唐人的诗境，也是宋元人的画境。

五、道、舞、空白：中国艺术意境结构的特点

庄子是具有艺术天才的哲学家，对于艺术境界的阐发最为精妙。在他是"道"，这形而上原理，和"艺"，能够体合无间。"道"的生命进乎技，"技"的表现启示着"道"。在《养生主》里他有一段精彩的描写：

> 庖丁为文惠君解牛，手之所触，肩之所倚，足之所履，膝之所踦，砉然响然，奏刀騞然，莫不中音。合于桑林之舞，乃中经首（尧乐章）之会（节也）；文惠君曰："嘻，善哉！技盖至此乎？"庖丁释刀对曰："臣之所好者道也，进乎技矣。始臣之解牛之时，所见无非牛者；三年之后，未尝见全牛也；方今之时，臣以神遇而不以目视。官知止而神欲行。依乎天理，批大郤，道大窾，因其固然，技经肯綮

之未尝，而况大軱乎！良庖岁更刀，割也；族庖月更刀，折也；今臣之刀十九年矣，所解数千牛矣，而刀刃若新发于硎。彼节者有间，而刀刃者无厚，以无厚入有间，恢恢乎其于游刃必有余地矣。是以十九年而刀刃若新发于硎。虽然，每至于族（交错聚结处），吾见其难为，怵然为戒，视为止，行为迟，动刀甚微，謋然已解，如土委地。提刀而立，为之四顾，为之踌躇满志，善刀而藏之。"文惠君曰："善哉，吾闻庖丁之言，得养生焉。"

"道"的生命和"艺"的生命，游刃于虚，莫不中音，合于桑林之舞，乃中经首之会。音乐的节奏是它们的本体。所以儒家哲学也说："大乐与天地同和，大礼与天地同节。"《易》云："天地絪缊，万物化醇。"这生生的节奏是中国艺术境界的最后源泉。石涛题画云："天地氤氲秀结，四时朝暮垂垂，透过鸿濛之理，堪留百代之奇。"艺术家要在作品里把握到天地境界！德国诗人诺瓦里斯（Novalis）说："混沌的眼，透过秩序的网幕，闪闪地发光。"石涛也说："在于墨海中立定精神，笔锋下决出生活，尺幅上换去毛骨，混沌里放出光明。"艺术要刊落一切表皮，呈显物的晶莹真境。

艺术家经过"写实"、"传神"到"妙悟"境内，由于妙悟，他们"透过鸿濛之理，堪留百代之奇"。这个使命是够伟大的！

那么艺术意境之表现于作品，就是要透过秩序的网幕，使鸿濛之理闪闪发光。这秩序的网幕是由各个艺术家的意匠组织线、点、光、色、形体、声音或文字成为有机谐和的艺术形式，以表出意境。

因为这意境是艺术家的独创，是从他最深的"心源"和"造化"接触时突然的领悟和震动中诞生的，它不是一味客观的描绘，像一照像机的摄影。所以艺术家要能拿特创的"秩序的网幕"来把住那真理的闪光。音乐和建筑的秩序结构，尤能直接地启示宇宙真体的内部和谐与节奏，所以一切艺术趋向音乐的状态、建筑的意匠。

然而，尤其是"舞"，这最高度的韵律、节奏、秩序、理性，同时是最高度的生命、旋动、力、热情，它不仅是一切艺术表现的究竟状态，且是宇宙创化过程的象征。艺术家在这时失落自己于造化的核心，沉冥入神，"穷元妙于意表，合神变乎天机"（唐代大批评家张彦远论画语）。"是有真宰，与之浮沉"
（司空图《诗品》语），从深不可测的玄冥的体验中升化而出，行神如空，行气
如虹。在这时只有"舞"，这最紧密的律法和最热烈的旋动，能使这深不可测的
玄冥的境界具象化、肉身化。

在这舞中，严谨如建筑的秩序流动而为音乐，浩荡奔驰的生命收敛而为韵
律。艺术表演着宇宙的创化。所以唐代大书家张旭见公孙大娘剑器舞而悟笔法，
大画家吴道子请裴将军舞剑以助壮气说："庶因猛厉以通幽冥！"郭若虚的《图
画见闻志》上说：

> （唐）开元中，将军裴旻居丧，诣吴道子，请于东都天宫寺画神
> 鬼数壁以资冥助。道子答曰："吾画笔久废，若将军有意，为吾缠结，
> 舞剑一曲，庶因猛厉以通幽冥！"旻于是脱去缞服，若常时装束，走
> 马如飞，左旋右转，掷剑入云，高数十丈，若电光下射。旻引手执鞘
> 承之，剑透室而入。观者数千人，无不惊栗。道子于是援毫图壁，飒
> 然风起，为天下之壮观。道子平生绘事得意，无出于此。

诗人杜甫形容诗的最高境界说："精微穿溟涬，飞动摧霹雳。"（《夜听许
十一诵诗爱而有作》）前句是写沉冥中的探索，透进造化的精微的机械，后句
是指着大气盘旋的创造，具象而成飞舞。深沉的静照是飞动的活力的源泉。反
过来说，也只有活跃的具体的生命舞姿、音乐的韵律、艺术的形象，才能使静
照中的"道"具象化、肉身化。德国诗人侯德林（Hφerdelin）有两句诗含义极
深：

> 谁沉冥到
> 那无涘际的"深"，
> 将热爱着
> 这最生动的"生"。

他这话使我们突然省悟中国哲学境界和艺术境界的特点。中国哲学是就

"生命本身"体悟"道"的节奏。"道"具象于生活、礼乐制度。道尤表象于"艺"。灿烂的"艺"赋予"道"以形象和生命，"道"给予"艺"以深度和灵魂。庄子《天地》篇有一段寓言说明只有艺"象罔"才能获得道真"玄珠"：

> 黄帝游乎赤水之北，登乎昆仑之丘而南望，还归，遗其玄珠。（司马彪云：玄珠，道真也）使知（理智）索之而不得。使离朱（色也，视觉也）索之而不得。使喫诟（言辩也）索之而不得也。乃使象罔，象罔得之。黄帝曰："异哉！象罔乃可以得之乎？"

吕惠卿注释得好："象则非无，罔则非有，不皦不昧，此玄珠之所以得也。"非无非有，不皦不昧，这正是艺术形象的象征作用。"象"是景象，"罔"是虚幻，艺术家创造虚幻的景象以象征宇宙人生的真际。真理闪耀于艺术形象里，玄珠的粲于象罔里。歌德曾说："真理和神性一样，是永不肯让我们直接识知的。我们只能在反光、譬喻、象征里面观照它。"又说："在璀灿的反光里面我们把握到生命。"生命在他就是宇宙真际。他在《浮士德》里面的诗句"一切消逝者，只是一象征"，更说明"道"、"真的生命"是寓在一切变灭的形象里。英国诗人勃莱克的一首诗说得好：

> 一花一世界，一沙一天国，
> 君掌盛无边，刹那含永劫。
>
> ——田汉译

这诗和中国宋僧道灿的《重阳》诗句（田汉译）："天地一东篱，万古一重九"，都能喻无尽于有限，一切生灭者象征着永恒。

人类这种最高的精神活动，艺术境界与哲理境界，是诞生于一个最自由最充沛的深心的自我。这充沛的自我，真力弥满，万象在旁，掉臂游行，超脱自在，需要空间，供他活动。（参见拙作《中西画法所表现的空间意识》。）于是"舞"是它最直接、最具体的自然流露。"舞"是中国一切艺术境界的典型。中国的书法、画法都趋向飞舞。庄严的建筑也有飞檐表现着舞姿。杜甫《观公孙大娘弟子舞剑器行》首段云：

昔有佳人公孙氏，一舞剑器动四方，

观者如山色沮丧，天地为之久低昂。

……

天地是舞，是诗（诗者天地之心），是音乐（大乐与天地同和）。中国绘画境界的特点建筑在这上面。画家解衣盘礴，面对着一张空白的纸（表象着舞的空间），用飞舞的草情篆意谱出宇宙万形里的音乐和诗境。照相机所摄万物形体的底层在纸上是构成一片黑影。物体轮廓线内的纹理形象模糊不清。山上草树崖石不能生动地表出他们的脉络姿态。只在大雪之后，崖石轮廓林木枝干才能显出它们各自的奕奕精神性格，恍如铺垫了一层空白纸，使万物以嵯峨突兀的线纹呈露它们的绘画状态。所以中国画家爱写雪景（王维），这里是天开图画。

中国画家面对这幅空白，不肯让物的底层黑影填实了物体的"面"，取消了空白，像西洋油画；所以直接地在这一片虚白上挥毫运墨，用各式皴文表出物的生命节奏。（石涛说："笔之于皴也，开生面也。"）同时借取书法中的草情篆意或隶体表达自己心中的韵律，所绘出的是心灵所直接领悟的物态天趣，造化和心灵的凝合。自由潇洒的笔墨，凭线纹的节奏，色彩的韵律，开径自行，养空而游，蹈光揖影，抟虚成实。（参看本文首段引方士庶语）

庄子说："虚室生白。"又说："唯道集虚。"中国诗词文章里都着重这空中点染，抟虚成实的表现方法，使诗境、词境里面有空间，有荡漾，和中国画面具同样的意境结构。

中国特有的艺术——书法，尤能传达这空灵动荡的意境。唐张怀瓘在他的《书议》里形容王羲之的用笔说："一点一画，意态纵横，偃亚中间，绰有余裕。然字峻秀，类于生动，幽若深远，焕若神明，以不测为量者，书之妙也。"在这里，我们见到书法的妙境通于绘画，虚空中传出动荡，神明里透出幽深，超以象外，得其环中，是中国艺术的一切造境。

王船山在《诗绎》里说："论画者曰，咫尺有万里之势，一势字宜着眼。若不论势，则缩万里于咫尺，直是《广舆记》前一天下图耳。五言绝句以此为落想时第一义。唯盛唐人能得其妙。如'君家住何处，妾住在横塘，停船暂借问，或恐是同乡'，墨气所射，四表无穷，无字处皆其意也！"高日甫论画歌曰："即其笔墨所未到，亦有灵气空中行。"笪重光说："虚实相生，无画处皆成妙境。"三人的话都是注意到艺术境界里的虚空要素。中国的诗词、绘画、书法里，表现着同样的意境结构，代表着中国人的宇宙意识。盛唐王、孟派的诗，固多空花水月的禅境；北宋词人空中荡漾，绵渺无际；就是南宋词人姜白石的"二十四桥仍在，波心荡冷月无声"，周草窗的"看画船尽入西泠，闲却半湖春色"，也能以空虚衬托实景，墨气所射，四表无穷。但就它渲染的境象说，还是不及唐人绝句能"无字处皆其意"，更为高绝。中国人对"道"的体验，是"于空寂处见流行，于流行处见空寂"，唯道集虚，体用不二，这构成中国人的生命情调和艺术意境的实相。

王船山又说："工部（杜甫）之工在即物深致，无细不章。右丞（王维）之妙，在广摄四旁，圜中自显。"又说；"右丞妙手能使在远者近，抟虚成实，则心自旁灵，形自当位。"这话极有意思。"心自旁灵"表现于"墨气所射，四表无穷"，"形自当位"，是"咫尺有万里之势"。"广摄四旁，圜中自显"，"使在远者近，抟虚成实"，这正是大画家大诗人王维创造意境的手法，代表着中国人于空虚中创现生命的流行，氤氲的气韵。

王船山论到诗中意境的创造，还有一段精深微妙的话，使我们领悟"中国艺术意境之诞生"的终极根据。他说："唯此窅窅摇摇之中，有一切真情在内，可兴可观，可群可怨，是以有取于诗。然因此而诗则又往往缘景缘事，缘以往缘未来，经年苦吟，而不能自道。以追光蹑影之笔，写通天尽人之怀，是诗家正法眼藏。""以追光蹑影之笔，写通天尽人之怀"，这两句话表出中国艺术的最后的理想和最高的成就。唐、宋人诗词是这样，宋、元人的绘画也是这样。

尤其是在宋、元人的山水花鸟画里，我们具体地欣赏到这"追光蹑影之笔，写通天尽人之怀"。画家所写的自然生命，集中在一片无边的虚白上。空中荡漾着"视之不见、听之不闻、搏之不得"的"道"，老子名之为"夷"、"希"、"微"。在这一片虚白上幻现的一花一鸟、一树一石、一山一水，都负荷着无限的深意、无边的深情。（画家、诗人对万物一视同仁，往往很远的微小的一草一石，都用工笔画出，或在逸笔撇脱中表出微茫惨淡的意趣。）万物浸在光被四表的神的爱中，宁静而深沉。深，像在一和平的梦中，给予观者的感受是一澈透灵魂的安慰和惺惺的微妙的领悟。

中国画的用笔，从空中直落，墨花飞舞，和画上虚白，溶成一片，画境恍如"一片云，因日成彩，光不在内，亦不在外，既无轮廓，亦无丝理，可以生无穷之情，而情了无寄"（借王船山评王俭《春诗》绝句语）。中国画的光是动荡着全幅画面的一种形而上的、非写实的宇宙灵气的流行，贯彻中边，往复上下。古绢的黯然而光，尤能传达这种神秘的意味。西洋传统的油画填没画底，不留空白，画面上动荡的光和气氛仍是物理的目睹的实质，而中国画上画家用心所在，正在无笔墨处，无笔墨处却是飘渺天倪，化工的境界（即其笔墨所未到，亦有灵气空中行）。这种画面的构造是植根于中国心灵里葱茏缊缊，蓬勃生发的宇宙意识。王船山说得好："两间之固有者，自然之华，因流动生变而成绮丽，心目之所及，文情赴之，貌其本荣，如所存而显之，即以华奕照耀，动人无际矣！"这不是唐诗宋画，给予我们的征象吗？

然而近代文人的诗笔画境缺乏照人的光彩，动人的情致，丰富的意象，这是民族心灵一时枯萎的征象么？中国人爱在山水中设置空亭一所。戴醇士说："群山郁苍，群木荟蔚，空亭翼然，吐纳云气。"一座空亭竟成为山川灵气动荡吐纳的交点和山川精神聚积的处所。倪云林每画山水，多置空亭，他有"亭下不逢人，夕阳澹秋影"的名句。张宣题倪画《溪亭山色图》诗云："石滑岩前雨，泉香树杪风，江山无限景，都聚一亭中。"苏东坡《涵虚亭》诗云："惟有此亭无一物，坐观万景得天全。"唯道集虚，中国建筑也表现着中国人的宇宙情调。

空寂中生气流行，鸢飞鱼跃，是中国人艺术心灵与宇宙意象"两镜相入"互摄互映的华严境界。倪云林有一绝句，最能写出此境：

兰生幽谷中，倒影还自照。
无人作妍媛，春风发微笑。

希腊神话里水仙之神（Narciss）临水自鉴，眷恋着自己的仙姿，无限相思，憔悴以死。中国的兰生幽谷，倒影自照，孤芳自赏，虽感空寂，却有春风微笑相伴，一呼一吸，宇宙息息相关，悦怿风神，悠然自足。（中西精神的差别相）

艺术的境界，既使心灵和宇宙净化，又使心灵和宇宙深化，使人在超脱的胸襟里体味到宇宙的深境。

唐朝诗人常建的《江上琴兴》一诗，最能写出艺术（琴声）这净化深化的作用：

> 江上调玉琴，一弦清一心。
> 泠泠七弦遍，万木澄幽阴。
> 能使江月白，又令江水深。
> 始知梧桐枝，可以徽黄金。

中国文艺里意境高超莹洁而具有壮阔幽深的宇宙意识生命情调的作品也不可多见。我们可以举出宋人张于湖的一首词来，他的《念奴娇·过洞庭》词云：

> 洞庭青草，近中秋，更无一点风色。玉鉴琼田三万顷，著我片舟一叶。素月分晖，明河共影，表里俱澄澈。悠悠心会，妙处难与君说。
>
> 应念岭表经年，孤光自照，肝胆皆冰雪。短发萧疏襟袖冷，稳泛沧溟空阔。尽挹西江，细斟北斗，万象为宾客。（对空间之超脱）叩舷独啸，不知今夕何夕！（对时间之超脱）

这真是"雪涤凡响，棣通太音，万尘息吹，一真孤露。"笔者自己也曾写过一首小诗，希望能传达中国心灵的宇宙情调，不揣陋劣，附在这里，借供参证：

> 飙风天际来，绿压群峰暝。
> 云罅漏夕晖，光写一川冷。
> 悠悠白鹭飞，淡淡孤霞迥。
> 系缆月华生，万象浴清影。
>
> ——《柏溪夏晚归棹》

艺术的意境有它的深度、高度、阔度。杜甫诗的高、大、深，俱不可及。

"吐弃到人所不能吐弃为高，含茹到人所不能含茹为大，曲折到人所不能曲折为深。"（刘熙载评杜甫诗语）叶梦得《石林诗话》里也说："禅家有三种语，老杜诗亦然。如波漂菰米沉云黑，露冷莲房坠粉红，为函盖乾坤语。落花游丝白日静，鸣鸠乳燕青春深，为随波逐浪语。百年地僻柴门迥，五月江深草阁寒，为截断众流语。"函盖乾坤是大，随波逐浪是深，截断众流是高。李太白的诗也具有这高、深、大。但太白的情调较偏向于宇宙境象的大和高。太白登华山落雁峰，说："此山最高，呼吸之气，想通帝座，恨不携谢朓惊人句来，搔首问青天耳！"（唐语林）杜甫则"直取性情真"（杜甫诗句），他更能以深情掘发人性的深度，他具有但丁的沉着的热情和歌德的具体表现力。

李、杜境界的高、深、大，王维的静远空灵，都植根于一个活跃的、至动而有韵律的心灵。承继这心灵，是我们深衷的喜悦。

（本文为增订稿。原刊《哲学评论》1944 年 1 月第 8 卷第 5 期。）

精彩一句：

艺术家以心灵映射万象，代山川而立言，他所表现的是主观的生命情调与客观的自然景象交融互渗，成就一个鸢飞鱼跃，活泼玲珑，渊然而深的灵境；这灵境就是构成艺术之所以为艺术的"意境"。

瑞明品鉴：

此文是宗白华美学思想的绝唱，也是他的人生论美学思想的集中体现。艺术意境是人类心灵、生命情调与外在世界、自然景象交融互渗而成一个灵境。这个艺术的灵境不但有美，而且更有人生，是生命意义的大合唱。

宗白华把艺术意境分为三层：第一层是"直观感相的模写"，看似是对客观物象的直呈，但不是纯客观地机械地描摹自然，仍然需要主体的投入。第二层是"活跃生命的传达"，是在描摹自然的基础上凭借胸臆去创构，去把握。这里的生命，既指自然的生命，也指人的生命，是这两个生命的相交相融相乐。如果说，第一层次是实景；那么，第二层次则是虚实相交。第三层是"最高灵境的启示"，这是向着宇宙意识的升华。这其实就是把握了宇宙精神，带领人们进入与自然同化的状态，经过"澄观一心而腾踔万象"的意境创造的始基，达到了"鸟鸣珠箔，群花自落"的意境表现的圆成。因此，艺术意境在究极意义上成为一个宇宙观，具体落实在人文世界如舞蹈、书法、绘画、建筑等人文形式的创造上。舞蹈是"最高度的韵律、节奏、秩序、理性，同时是最高度的生命、旋动、力、热情，它不仅是一切艺术表现的究竟状态，且是宇宙创化过程的象征"；书法则是"虚空中传出动荡，神明里透出幽深，超以象外，得其环中"；山水花鸟画是以"追光蹑影之笔，写通天尽人之怀"，使"万物浸在光被四表的神的爱中，宁静而深沉"；建筑就如"一座空亭竟成为山川灵气动荡吐纳的交点和山川精神聚积的处所"。宗白华的总结是："空寂中生气流行，鸢飞鱼跃，是中国人艺术心灵与宇宙意象'两镜相入'互摄互映的华严境界。"

宗白华对艺术意境的表述，是试图将艺术特征与宇宙意识相对应、相融合，在节奏、韵律、空间、流动、虚实等特征的分析中，所彰显的其实是关于宇宙精神之追踪与生命创造的途径。这个途径在最根源意义上，是发现人生意义以及实现人生意义的途径。因此，艺术意境的创造就是艺术人生的创造。

中国文化的美丽精神往哪里去

印度诗哲太戈尔，在国际大学中国学院的小册里，曾说过这几句话："世界上还有什么事情，比中国文化的美丽精神更值得宝贵的？中国文化使人民喜爱现实世界，爱护备至，却又不致陷于现实得不近情理！他们已本能地找到了事物的旋律的秘密。不是科学权力的秘密，而是表现方法的秘密。这是极其伟大的一种天赋。因为只有上帝知道这种秘密。我实妒忌他们有此天赋，并愿我们的同胞亦能共享此秘密。"

太戈尔这几句话里，包含着极精深的观察与意见，值得我们细加考察。

先谈"中国人本能地找到了事物的旋律的秘密"。东西古代哲人，都曾仰观俯察探求宇宙的秘密。但希腊及西洋近代哲人倾向于拿逻辑的推理、数学的演绎、物理学的考察去把握宇宙间质力推移的规律，一方面满足我们理知了解的需要，一方面导引西洋人，去控制物力，发明机械，利用厚生。西洋思想最后所获着的是科学权力的秘密。

中国古代哲人却是拿"默而识之"的观照态度，去体验宇宙间生生不已的节奏。太戈尔所谓旋律的秘密。《论语》上载：

子曰："予欲无言！"子贡曰："子如不言，则小子何述焉？"

子曰："天何言哉？四时行焉，百物生焉，天何言哉？"

四时的运行，生育万物，对我们展示着天地创造性的旋律的秘密。一切在此中生长流动，具有节奏与和谐。古人拿音乐里的五声配合四时五行，拿十二律分配于十二月（《汉书：律历志》），使我们一岁中的生活融化在音乐的节奏中，从容不迫而感到内部有意义有价值，充实而美。不像现在大都市的居民灵魂里，孤独空虚。英国诗人艾略特有"荒原"的慨叹。

不但孔子，老子也从他高超严冷的眼里观照着世界的旋律。他说："致虚极，守静笃，万物并作，吾以观复！"

活泼的庄子也说他"静而与阴同德，动而与阳同波"，他把他的精神生命体合于自然的旋律。

孟子说他能"上下与天地同流"。荀子歌颂着天地的节奏：

列星随旋，日月递照，四时代御，阴阳大化，风雨博施，万物各得其和以生，各得其养以成。

我们不必多引了，我们已见到了中国古代哲人是"本能地找到了宇宙旋律的秘密"。而把这获得的至宝，渗透进我们的现实生活，使我们生活表现礼与乐里，创造社会的秩序与和谐。我们又把这旋律装饰到我们的日用器皿上，使形下之器启示着形上之道（即生命的旋律）。中国古代艺术特色表现在他所创造的各种图案花纹里，而中国最光荣的绘画艺术，也还是从商周铜器图案、汉代砖瓦花纹里脱胎出来的呢！

"中国人喜爱现实世界，爱护备至，却又不致现实得不近情理。"我们在新石器时代，从我们的日用器皿制出玉器，作为我们政治上、社会上及精神人格上美丽的象征物。我们在铜器时代也把我们的日用器皿，如烹饪的鼎、饮酒的爵等等，制造精美，竭尽当时的艺术技能，他们成了天地境界的象征。我们对最现实的器具，赋予崇高的意义，优美的形式，使它们不仅仅是我们役使的工具，而是可以同我们对语、同我们情思往还的艺术境界。后来我们发展了瓷器

（西人称我们是瓷国）。瓷器就是玉的精神的承续与光大，使我们在日常现实生活中能充满着玉的美。

但我们也曾得到过科学权力的秘密。我们有两大发明：火药同指南针。这两项发明到了西洋人手里，成就了他们控制世界的权力，陆上霸权与海上霸权，中国自己倒成了这霸权的牺牲品。我们发明着火药，用来创造奇巧美丽的烟火和鞭炮，使我一般民众在一年劳苦休息的时候，新年及春节里，享受平民式的欢乐。我们发明指南针，并不曾向海上取霸权，却让风水先生勘定我们庙堂、居宅及坟墓的地位和方向，使我们生活中顶重要的"住"，能够选择优美适当的自然环境，"居之安而资之深"。我们到郊外，看那山环水抱的亭台楼阁，如入图画。中国建筑能与自然背景取得最完美的调协，而且用高耸天际的层楼飞檐及环拱柱廊、栏杆台阶的虚实节奏，昭示出这一片山水里潜流的旋律。

漆器也是我们极早的发明，使我们的日用器皿生光辉，有情韵。最近，沈福文君引用古代各时期图案花纹到他设计的漆器里，使我们再能有美丽的器皿点缀我们的生活，这是值得兴奋的事。但是要能有大量的价廉的生产，使一般人民都能在日常生活中时时接触趣味高超、形制优美的物质环境，这才是一个民族的文化水平的尺度。

中国民族很早发现了宇宙旋律及生命节奏的秘密，以和平的音乐的心境爱护现实，美化现实，因而轻视了科学工艺征服自然的权力。这使我们不能解救贫弱的地位，在生存竞争剧烈的时代，受人侵略，受人欺侮，文化的美丽精神也不能长保了，灵魂里粗野了，卑鄙了，怯懦了，我们也现实得不近情理了。我们丧尽了生活里旋律的美（盲动而无秩序）、音乐的境界（人与人之间充满了猜忌、斗争）。一个最尊重乐教、最了解音乐价值的民族没有了音乐。这就是说没有了国魂，没有了构成生命意义、文化意义的高等价值。中国精神应该往哪用去？

近代西洋人把握科学权力的秘密（最近如原子能的秘密），征服了自然，征服了科学落后的民族，但不肯体会人类全体共同生活的旋律美，不肯"参天地，赞化育"，提携全世界的生命，演奏壮丽的交响乐，感谢造化宣示给我们的创化机密，而以厮杀之声暴露人性的丑恶，西洋精神又要往哪里去？哪里去？这都是引起我们惆怅、深思的问题。

（本文写于 1946 年。编入《艺境》未刊本。）

精彩一句：

中国文化使人民喜爱现实世界，爱护备至，却又不致陷于现实得不近情理！他们已本能地找到了事物的旋律的秘密。

文风品鉴：

中国古代文化是一种强调生命体悟的文化，古人把大千世界都看做一个个活跃的生命，人与自然之间非主客对立甚或征服与被征服的关系，而是交融互渗，生气往来，彼此应和。自然是人类心灵的具体化、肉身化。古代哲人在对宇宙的静观默照中体验着生命的节奏与充实，创造着社会的秩序与和谐。老子曰："道生一，一生二，二生三，三生万物，万物负阴而抱阳，冲气以为和。"万物并育而不相害，道并行而不相悖，万物各得其和以生，各得其养以成，天地与我并生，而万物与我为一。佛曰：坐亦禅，行亦禅，一花一世界，一叶一如来。春来草自青，秋至叶飘零，无穷般若心自在，语默动静体自然。佛家和道家都强调用心去感悟自然，即"人法地，地法天，天法道，道法自然"，进而达到人与自然心灵相照、气息相通、超然物外、天人合一的境界。这种境界是一种充满着诗情画意的至境。古代中国人是名副其实的"诗意地栖居在大地上"。然而，令人惆怅的是，在日趋欲望化的当下，中国文化的这种美丽精神又到哪里去了呢？

新人生观问题的我见

　　我看见现在社会上一般的平民，几乎纯粹是过的一种机械的，物质的，肉的生活，还不曾感觉到精神生活，理想生活，超现实生活……的需要。推其原因，大概是生活环境太困难，物质压迫太繁重的原故。但是，长此以往，于中国文化运动上大有阻碍。因为一般平民既觉不到精神生活，理想生活的需要；那么，一切精神文化，如艺术，学术，文学都不能由切实的平民的"需要"上发生伟大的发展了。所以，我们现在的责任，是要替中国一般平民养成一种精神生活，理想生活的"需要"，使他们在现实生活以外，还希求一种超现实的生活，在物质生活以上还希求一种精神生活。然后我们的文化运动才可以在这个平民的"需要"的基础上建立一个强有力的前途。

　　我们怎样替他们造出这种需要呢？

　　我以为，我们第一步的手续，就是替他们创造一个新的正确的人生观。中国平民旧式的人生观，——其实，一般人大半还没有人生观可言：因为中国向来盛行孔孟老庄的哲学，发生两种倾向：

　　（一）现实人生主义：这是大半由孔孟哲学不谈天道，不管形而上问题——

超现实思想——的结果。他的流弊，使一般平民专倾向现实人生问题，不知道注意自然，发挥高尚深处，超现实人生，研究自然神秘的观念。他的流弊至极，就到了现在这种纯粹物质生活，肉的生活，没有精神生活的境地。

（二）悲观命定主义：这是大半由老庄哲学深入中国人心，认定凡事都有定数，人工不能为力，所以放任自然，不加动作。没有创造的意志，没有积极的精神，没有主动的决心。高尚的，趋于达观厌世。低等的，流于纵欲享乐。

这两种人生观的流弊，在现在中国社会种发扬尽致了。我们随处可以考察，用不着我细说。不过，那班实行这种人生观的人，自己并不承认，因为他们思想界中并没有人生观三个字的观念。

我们的新"人生观"，从何处创造呢？我以为有两条途径：（一）科学的，（二）艺术的。先说：

（一）科学的人生观

我们知道这"人生观"问题的内容，是含着以下的两个问题！

（A）人生究竟是什么？就是问人生生活的"内容"与"作用"，究竟是什么东西？

（B）人生究竟要怎样？就是问我们对于人生要取的什么态度，运用什么方法？

这两个问题，我想，我们都可以先从科学上去解答他。因为"生活"这个现象，已经成了科学的对象。科学中的生物学（Biologie）就是研究"生活原则"的学问。分而言之，生理学（Physiologie）是研究"物质生活"的内容和作用，心理学是研究"精神生活"的内容与作用。生活现象的全体已经成了科学研究的对象了。我们不从这个实验的科学的道路上去解决人生生活内容的问题，难道还去学那些旧式的哲学家，从几个抽象的观念名词上，起空中楼阁么？

我们从科学的内容中知道了生活现象的原则，再从这原则中决定生活的标准。譬如，我们知道，生活中有"互助"的现象，与"战争"的现象。我们抉择那一种原则是适合于天演，我们就去尽量扩充发挥，以求我们生活的进化。我们又知"精神生活"是生活中较为高级的进化的现象，我们就应当竭力地发扬他增进他，以求我们生活的高尚。我们又知道生活的作用是创造的变动的，不是固定的消极的，我们就当本着这个原则去活动创造。这是从科学——生物学——的"内容"中，知道我们"生活原则"的内容，再根据这种原则，决定我们生活的态度。

其实，不单是科学的内容与我们人生观上有莫大的关系，就是科学的方法，很可以做我们"人生的方法"（生活的方法）。

科学的方法是"试验的"、"主动的"、"创造的"、"有组织的"、"理想与事实连络的"。这种科学家探求真理的方法与态度，若运用到人生生活上来，就成了一种有条理的、有意义的、活动的人生。

所以，我们可以从科学的内容与方法上，得一个正确的人生观，知道人生生活的内容与人生行为的标准。

但是，科学是研究客观对象的。他的方法是客观的方法。他把人生生活当作一个客观事物来观察，如同研究无机现象一样。这种方法，在人生观上还不完全，因为我们研究人生观者自己就是"人生"，就是"生活"。我们舍了客观的方法以外，还可以用主观自觉的方法来领悟人生生活的内容和作用。

我们自己天天在生活中。这生活究竟是什么，我们当然可以用内省或反照的方法来观察领悟。不过，我们的意识界，常时被外界物质及肉体生活的关系占据充满了，不大能发生纯粹无杂的自觉。所以，要从自觉上了解生活内容，人生意义，也是不容易的。但我想我们还可以用一种比例对照（Aualogie）的方法来推测人生内容是什么，人生标准当怎样。这种方法，就是：

（二）艺术的人生观

什么叫艺术的人生观？艺术人生观就是从艺术的观察上推察人生生活是什么，人生行为当怎样？

我们知道，艺术创造的过程，是拿一件物质的对象，使它理想化，美化。我们生命创造的过程，也仿佛是由一种有机的构造的生命的原动力，贯注到物质中间，使他进成一个有系统的有组织的合理想的生物。我们生命创造的现象与艺术创造的现象，颇有相似的地方。我们要明白生命创造的过程，可以先去研究艺术创造的过程。艺术家的心中有一种黑暗的、不可思议的艺术冲动，将这些艺术冲动凭借物质表现出来，就成了一个优美完备的合理想的艺术品。生命的现象也仿佛如此。生命的表现也是物质的形体化，理想化。生命的现象，好像一个艺术品的成功。不过，艺术品大半是固定的静止的，生命是活动的前进的。结果不同，而创造的过程则有些相似。

但这种由艺术创造的过程上推想生命创造的过程，终不过是个推想（Analogie）罢了。没有科学的严格的根据。他是一种主观的——艺术家自觉的——想象。不过我们个人自己，不妨抱有这门一种艺术的人生观。从这上面建立一种艺术的人生态度。

什么叫艺术的人生态度？这就是积极地把我们人生的生活，当作一个高尚优美的艺术品似的创造，使他理想化，美化。

艺术创造的手续，是悬一个具体的优美的理想，然后把物质的材料照着这个理想创造去。我们的生活，也要悬一个具体的优美的理想，然后把物质材料照着这个理想创造去。艺术创造的作用，是使他的对象协和，整饬，优美，一致。我们一生的生活，也要能有艺术品那样的协和，整饬，优美，一致。总之，艺术创造的目的是一个优美高尚的艺术品，我们人生的目的是一个优美高尚的艺术品似的人生。这是我个人所理想的艺术的人生观。

我久已抱了一个野心，想积极地去研究这个"科学人生观与艺术人生观"的问题。但是，因为自己的科学与艺术的基础知识太缺乏，至今还没有着手。今天这个短论所写的，乃是我自己所悬拟的着手研究的方向。我很希望国内有许多青年和我同抱这个野心，所以写了出来，以供参采。但是，我所说的实在太简略了，很是抱歉。以后稍有研究时，预备再详细地说一下。

（原刊《时事新报·学灯》1920 年 4 月 19 日。）

精彩一句：

什么叫艺术的人生态度？这就是积极地把我们人生的生活，当作一个高尚优美的艺术品似的创造，使他理想化，美化。

广新品鉴：

将生活视为艺术品，是宗先生理想的人生观。缔造艺术品的人，当然就是艺术家了。这种要求，对于一般人来讲，未免可望不可即。但是人生在世，如果不在心灵的高远处悬一盏明灯作为指引，很容易在庸庸碌碌、繁冗重复的生活中迷失方向，陷入无尽的现实烦恼之中。宗先生非常欣赏歌德，青年时代远赴歌德的出生地——法兰克福留学，细心研磨这位文化巨人的人生观、宇宙观。他自己人生的发展也深受歌德的影响，在艺术研究的园地里，不知疲倦地探索，留下一串串美丽的脚印，召唤并引导着后人继续美学的散步。

青年烦闷的解救法

△唯美的眼光

△研究的态度

△积极的工作

现在中国有许多的青年，实处于一种很可注意的状态，就是对于旧学术、旧思想、旧信条都已失去了信仰，而新学术、新思想、新信条还没有获着，心界中突然产生了一种空虚，思想情绪没有着落，行为举措没有标准，搔首踟蹰，不知怎么才好，这就是普通所谓"青年的烦闷"。

这种青年烦闷的状态，以及由此状态产生的现象，如一方面对于一切怀疑，力求破坏。他方面，又对于一切武断，急求建设。思想没有定着，感情易于摇动，以及自杀逃走等等的事实，这本是向来"黎明运动"所常附带的现象，将来自然会趋于稳健创造的一途，为中国文化开一新纪元，就着过去历史上看来，本是很可喜的现象。但是，我们自己既遇着这种时期，陷入这种状态，就不得不自谋解救的方法，以求早入稳健创造的境地。

这解救的方法，本也不少。譬如建立新人生观、新信条等类。但这都还嫌纡远了一点。须有科学哲学的精神研究，不是一时可以普遍的。我们现在须要筹出几种"具体的方法"，将这方法传播给烦闷的青年，待他们自己应用这种方法去解救他们的苦闷。我现在本着我一时的观察，想了几条方法，写出来引动大众的讨论，希望还得着更周密完备的计划，以解决这青年烦闷的问题，则中国解放运动的前途，可以免了许多的危险和牺牲了。

（一）唯美的眼光　唯美的眼光，就是我们把世界上社会上各种现象，无论美的，丑的，可恶的，龌龊的，伟丽的自然生活，以及鄙俗的社会生活，都把他当作一种艺术品看待——艺术品中本有表写丑恶的现象的——因为我们观览一个艺术品的时候，小己的哀乐烦闷都已停止了，心中就得着一种安慰，一种宁静，一种精神界的愉乐。我们若把社会上可恶的事件当作一个艺术品观，我们的厌恶心就淡了。我们对于一种烦闷的事件作艺术的观察，我们的烦闷也就消了。所以，古时悲观的哲学家，就把人世，看做一半是"悲剧"，一半是"滑稽剧"，这虽是他悲观的人生观，但也正是他的艺术的眼光，为他自己解嘲。但我们却不必做这种消极的、悲观的人生观。我们要持纯粹的唯美主义，在一切丑的现象中看出他的美来，在一切无秩序的现象中看出他的秩序来，以减少我们厌恶烦恼的心思，排遣我们烦闷无聊的生活。

这还是消极的一方面说。积极的方面，也还有许多的好处：

（A）我们常时作艺术的观察，又常同艺术接近，我们就会渐渐的得着一种超小己的艺术人生观。这种艺术人生观就是把"人生生活"当作一种"艺术"看待，使他优美、丰富、有条理、有意义。总之，就是把我们的一生生活，当作一个艺术品似的创造。这种"艺术式的人生"，也同一个艺术品一样，是个很有价值、有意义的人生。有人说，诗人歌德（Goethe）的"人生（Life）"，比他的诗还有价值，就是因为他的人生同一个高等艺术品一样，是很优美、很丰富、有意义、有价值的。

（B）我们持了唯美主义的人生观，消极方面可以减少小己的烦闷和痛苦，而积极的方面，又可以替社会提倡艺术的教育和艺术的创造。艺术教育，可以高尚社会人民的人格。艺术品是人类高等精神文化的表示，这两种的贡献，也就不算小的了。

总之，唯美主义，或艺术的人生观，可算得青年烦闷解救法之一种。

（二）研究的态度 怎样叫做研究的态度？当我们遇着一个困难或烦闷的事情的时候，我们不要就计较他对于切己的利害，以致引起感情的刺激，神经的昏乱，而平心静气，用研究的眼光，分析这事的原委、因果和真相，知这事有他的远因，近因，才会产生这不得不然的结果，我们对于这切己重大的事，就会同科学家对于一个自然对象一样，只有支配处置的手续，没有烦闷喜怒的感情了。

譬如现在的青年，对于社会上窳败的制度，政治上不良的现象，都用这种研究眼光去考察，不作一时的感情冲动，知道现在社会的黑暗罪恶是千百年来积渐而成，我们对他只当细筹改造的方法，不当抱盲目的悲观，或过激的愿望，那时，青年因政治社会而生的烦闷，一定可以减去不少。因这客观研究事实是不含痛苦的，是排遣烦闷的，而同时于事实上有极大的利益。

所以，研究的眼光和客观的观察，也是青年烦闷解救法的一种。

（三）积极的工作 我们人生的生活，本来就是"工作"。无工作的人生，是极无聊赖的人生，是极烦闷的人生。有许多青年的烦闷，就是为着没有正当适宜的工作而产生的。试看那些资本家的子弟，终日游荡，没有一个一定的工作，虽是生活无虑，总是烦闷得很，无聊得很，终日汲汲的寻找消遣排闷的方法。所以，我以为，正当的积极的"工作"，是青年解救烦闷与痛苦的最好方法。青年最危险的时候，就是完全没有工作的时候。这时候，最容易发生幻想，烦闷，悲观，无聊。

至于工作，有精神的肉体的。这两种中任择一种，就可以解除青年的烦闷。但是，做精神工作的，不可不当附带做点肉体的工作，以维持他的健康。

以上是我一时的感想，粗略得很。不过想借此引起诸君对于这黎明运动时代青年最易发生烦闷的问题，稍稍注意，商量个周密的解救办法。

（原刊《解放与改造》1920 年 3 月 15 日第 2 卷第 6 期。）

精彩一句：

艺术人生观就是把"人生生活"当作一种"艺术"看待，使他优美、丰富、有条理、有意义。总之，就是把我们的一生生活，当作一个艺术品似的创造。

文风品鉴：

　　人生很渺小，艺术却很伟大，它可以帮助我们渡过人生苦难的河流。这个世界是公平的，上帝创造了人类，却令人类与生俱来有种自卑、有种渺小，好在他同时还创造了艺术，上帝用艺术将人类带出渺小和自卑的沼泽。我们可能都有过这样的经历，当你陷入自己以为不能自拔的泥潭当中，要生要死，痛苦难当。这个时候没有人能搭救你，即使神也救不了你。但艺术，可能救你。艺术借审美的观照提高生命力，直面人生的苦痛，战胜人生的悲剧性，从而达到生命的充实和愉悦。

怎样使我们生活丰富

要解决这个问题，首先要问：究竟什么叫做生活？

生活这个现象，可以从两方面观察。就着客观的——生物学的——地位看来，生活就是一个有机体同他的环境发生的种种的关系。就着主观的——心理学的——地位看来，生活就是我们对外经验和对内经验总全的名称。

我这篇短论的题目，是问怎样使我们的生活丰富？换言之，就是立于主观的地位，研究怎样可以创造一种丰富的生活。那么，我对于"生活"二字认定的解释，就是"生活"等于"人生经验的全体"。

生活即是经验，生活丰富即是经验丰富，这是我这篇内简括扼要的答案。但是，诸位不要误会经验是一种消极被动的容纳，要知道，经验是一种积极的创造行为，然后，才知道我们具有使生活丰富、经验丰富……的可能性。我们能用主观的方法，使我们的生活尽量的丰富、优美、愉快、有价值。

我们怎样使生活丰富呢？我分析我们生活的内容为"对外的经验"，即是对于自然与社会的观察，了解，思维，记忆；与"对内的经验"，即是思想，情绪，意志，行为。我们要想使生活丰富，也就是在这两方面着手；一方面增加我们对外经验的能力，使我们的观察研究的对象增加；一方面扩充我们在内经验的质量，使我们思想情绪的范围丰富。请听我详细说来。

我们闲居无事的时候，独往独来，或是走到自然中，看着闲云流水，野草寒花，或跑到闹市里观看社会情状，人事纷纭，在这个时候，最容易看出我们自己思想智慧的程度的高下。因为，一个思想丰富的人，他见着这极平常普通的现象，触处可以发挥他的思想，触动他的情绪，很觉得意趣浓深，灵活机动，丝毫不觉得寂寞。我记得德国诗人海涅（Heine）到了伦敦，有一天，走到一个街角上站了片刻，看见市声人海中的万种变相，就说道："我想，要使一个哲学家来到此地站立了一天，一定比他说尽古来希腊哲学书还有价值。因为，他直接地观察了人生，观察了世界。"他这几句话真可以表示他的思想丰富，生活丰富，随处可以发生无尽的观念感想，绝不会再有寂寞无聊的感觉。而一般普通常人听了他的话，大半是不甚了解，因为他们自己设若有了十分钟的幽闲无事，一定就会发生无聊烦闷的状态，不知怎样才好，要不是长夏静睡，就要去寻伴谈心了。由此可以看出，我们的生活丰富不丰富，全在我们对于生活的处置如何，不在环境的寂寞不寂寞。我们对于一种寂寞的、单调的环境，要有方法使他变成复杂的、丰富的对象。这种方法，怎么样呢？我现在把自己向来的经验，对诸君说说，看以为如何。

我向来闲的时候，应随意地走到自然中或社会中，随意地选择一种对象，作以下的几种观察：

（一）艺术的，（二）人生的，（三）社会的，（四）科学的，（五）哲学的。

先说一个例。

我有一次黄昏的时候，走到街头一家铁匠门首站着。看见那黑漆漆的茅店中，一堆火光耀耀，映着一个工作的铁匠，红光射在他半边的臂上、身上、面上，映衬着那后面一片的黑暗，非常鲜明。那铁匠举着他极健全丰满的腕臂，取了一个极适当协和的姿势，击着那透红的铁块，火光四射，我看着心里就想道：这不是一幅极好的荷兰画家的画稿？我心里充满了艺术的思想，站着看着，不忍走了。心中又渐渐的转想到人生问题，心想人生最健全最真实的快乐，就是一个有定的工作。我们得了它有一定的工作，然后才得身心泰然，从劳动中寻健全的乐趣，从工作中得人生的价值。社会中实真的支柱，也就是这班各尽所能的劳动家。将来社会的进化，还是靠这班真正工作的社会分子，决不是由于那些高等阶级的高等游民。我想到此地，则是从人生问题，又转到社会问题了。后来我又联想到生物学中的生存竞争说，又想到叔本华的生存意志的人生观与宇宙观，黄昏片刻之间，对于社会人生的片段，作了许多有趣的观察，胸中充满了乐意，慢慢地走回家中，细细地玩味我这丰富生活的一段。

以上是我现身说法，报告诸君丰富生活的方法。诸君自由运用，可以使人生最小的一段，化成三、四倍的内容，乃不致因闲暇而无聊，因无聊而堕落，因堕落而痛苦了。

但这还不是我所说对外经验丰富的方法。这还是静观的，消极的，偏于艺术的方法。这不过是把我们一种的对外经验，一个自然界的对象，作多方面的玩味观察，把一个单调的、平常的环境，化成一个复杂的、丰富的对象，使它表示多方面——艺术，人生，社会，科学，哲学，——的境相。用一个比譬说来，就是我们使我们的"心"成了一个多方面的折光的镜子，照着那简单的对象，变成多方面的形态色彩。这已经可以使我们生活丰富不少。但我们还要使我们"在内经验"也扩充丰富，使我们的感情意志方面也不寂寞，这有什么方法呢？这个实在很简单。我们情绪意志的表现是在"行为"中，我们只要积极地奋勇地行为，投身入于生命的波浪，世界的潮流，一叶扁舟，莫知所属，尝遍着各色情绪细微的弦音，经历着一切意志汹涌的变态。那时，我们的生活内容丰富无比。再在这个丰富的生命的泉中，从理性方面发挥出思想学术，从情绪方面发挥出诗歌、艺术，从意志方面发挥出事业行为，这不是我们所理想的最高的人格么？

所以，我们要丰富我们的生活，并不是娱乐主义，个人主义，乃是求人格的尽量发挥，自我的充分表现，以促进人类人格上的进化。诸君也有这个意思么？

（原刊《时事新报·学灯》1920 年 3 月 21 日。）

精彩一句：

把我们一种的对外经验，一个自然界的对象，作多方面的玩味观察，把一个单调的、平常的环境，化成一个复杂的、丰富的对象，使它表示多方面——艺术，人生，社会，科学，哲学，——的境相。

瑞明品鉴：

"怎样使我们的生活丰富？"这是宗白华提出的问题。这个问题历久弥新。宗白华问这个问题的真正意思是：立于主观的地位，怎样可以创造一种丰富的生活。他的答案是：生活即是经验，生活丰富即是经验丰富。具体来说，让生活丰富，可以从两个方面进行，一是在实践中有意识地加强观察、体会，不断地增加所观察、体验的对象与内容，在与外部世界不断接触的过程中拓展实践的范围。一是从外部世界返回自身，自我观照、自我反思，体察自我内心的深度。宗白华现身说法，谈了自己从艺术的、人生的、社会的、科学的、哲学的五个层次，对一个普通的铁匠铺所进行的观察体味。他认为这样的体察不仅是对问题思考的深彻明晰，更重要的是借此拓展自己的心胸。

席勒的人文思想

英国大文豪卡莱尔称德国民族是"诗人与思想家的民族"。德国两大诗人歌德与席勒确可以称为大思想家；尤以席勒的好学深思，哲学论著精深严密，简直可以列入德国哲学家之林。他的人文主义是德国古典时代人文思想的精髓，他的美育论是美学上不朽的大作。现在要想在此略略介绍也是不可能的，只能提要地说几句罢了。

席勒的伟大的朋友歌德的思想是穿过"自然的研究"与"自然的景仰"，直探人生与自然的究竟。其眼光博大闳深，笼罩在万物之上。席勒则由艺术家自身创造经验的体会，探求文化创造的真谛，其兴趣在人生问题，文化问题，尤在研究"艺术在人生与文化上的地位"。

歌德与席勒身处十八世纪的末年，深深地感触近代人生生活的分裂。极端的理智主义与纵欲主义使人类逐物忘返，事业分工的尖锐化，使天下无全人。古希腊伟大人物之人格的统一性与完整性，乃为近代有心人追怀的幻影。歌德的《浮士德》是象征着这种永远的追求，而席勒则在他的《人类美育论》中，想从"美的教育"，使堕落的分裂的近代人生重新恢复它的全整与和谐，使近代科学经济的文明，进展入优美自由的艺术文化，如古希腊与文艺复兴时代。

席勒认为近代的病根，是由于抽象的分析的理性过分发展，脱离了感官的情绪的人格全体。另一方面，人欲冲动的强度扩张，生活为各种"目的"所支配。人类不复有"无所为而为"的从容自在，而一切高尚的，唯在深入的情绪生活中，始能体验到的人生价值，如美，如超功利的善，如人格的价值，如纯粹的真理，渐渐埋没于功利主义的眼光之下；一切伟大的热情的创作不再能产生，也不为人们所需要。而近代人乃憔悴于过分的聪明与过多的"目的"重担之下。生活失去了中心，失了和谐，文明愈进步，生活乃愈烦闷，空虚。

席勒主张近代人须恢复艺术中"无所为而为"的创造精神，在这里是自由的愉悦的"游戏式"的创造。兴趣与工作一致，人格与事业一体。一切皆发于心灵自由的表现，一切又复返于人格心灵的涵养增进。工作与事业即成为"人格教育"。事业因出发于心灵的愉悦而有深厚的意义与价值。人格因事业的成就而得进展完成。

人生不复是殉于种种"目的"的劳作，乃是将种种"目的"收归自心兴趣以内的"游戏"。于是乃能举重若轻行所无事，一切事业成就于"美"，而人生亦不失去中心与和谐。

达到这种文化理想的道路就是"美的教育"。"美的教育"就是教人"将生活变为艺术"。生活须表现着"窈窕的姿态"（席勒有文论庄严与窈窕），在道德方面即是"从心所欲不逾距"，行动与义理之自然合一，不假丝毫的勉强。在事功方面，即"无为而无不为"，以整个的自由的人格心灵，应付一切个别琐碎的事件，对于每一事件给与适当的地位与意义。不为物役，不为心役，心物和谐底成于"美"。而"善"在其中了。

人人能实现这个生活理想，就能构成一个真自由真幸福的国家社会。这个理想在现在看来似乎迂阔不近时势，然而人类是进步的，我们现代的生活既已感到改造的必要，那么，向着这个理想去努力，也不是不可能的，况且古代也不是没有实现过，不过我们要从少数人——阶级的实现到全人类的罢了。

（原刊《中央日报》1935 年 1 月 11 日。）

精彩一句：

人生不复是殉于种种"目的"的劳作，乃是将种种"目的"收归自心兴趣以内的"游戏"。于是乃能举重若轻行所无事，一切事业成就于"美"。而人生亦不失去中心与和谐。

文风品鉴：

我们处在一个和席勒当年的欧洲相类似的时代，或者说，我们现在面临着席勒一样的困惑：人到底是为了什么而活着？什么样的人生才是我们追求的人生？宗白华的这篇文章便尝试着去回答这个问题。他说，那是因为人欲冲动的强度扩张，生活为各种"目的"所支配，人类不复有"无所为而为"的从容自在。是呀，我们不明白的是，为什么物质越发达，社会越进步，我们的生活反而愈加失去了幸福感，人也日益成为种种"目的"和"功利"的奴隶？那么，如何才能摆脱这种状况？席勒提出"美的教育"的方法，试图借此使科学文明与艺术文化相统一，使堕落分裂的人生重新恢复它的全整和谐，如古希腊与文艺复兴时代。宗白华吸纳了席勒的营养，提出了"将生活变为艺术"的观点，主张"无为而无不为"，以整个自由的人格心灵，应付一切个别琐碎的事件，不为物役，不为心役。宗白华展望说，假如人人能实现这个生活理想，那么我们就能构成一个真自由真幸福的国家和社会。现在的问题是，席、宗二氏所设计的人生理想，于我们来说是美好的，但如何真正让它们在日益紧张、功利的社会中，契入现实？

浮士德与欧洲近代人文主义思想

　　近代文明，一方面受希腊文化的孕育，一方面是受基督教文化的熏陶；因此，便产生了人文主义。

　　希腊思想，谓我人生于宇宙间，人生的道路，应以宇宙之发展为发展。试看希腊哲学问题，多以宇宙为对象。哲学家如柏拉图之辈，都主张法宇宙，法自然。希腊思想，既承认宇宙之伟大，同时且主张人生应与宇宙合而为一。古代希腊的艺术品，即其人生哲学根本观念之表现。至罗马帝国时代，人民受君主的压迫和虐待，人性大受摧残，于是人性灭而兽性盛。希腊思想逐渐归于消灭。基督教思想代希腊思想而兴，谓人类为兽性，宇宙为地狱。他们想象出一种极乐的世界，以为是人类堕落后能反省的一片净土。

　　基督教的全希望和全理想，并不寄于人生宇宙，而是寄于神。他们说，人类是一种肉体，因为有太多的欲望，致堕落不能自拔，只有求上帝的援助，才能解脱。上帝救助与否，则以人类有无坚定的信仰为原则。

　　基督教思想之全部以上帝为主，上帝即为人生之依归。这一点，和希腊思想以宇宙为人生之法则者大异其趣。

近代文明开始之际，深觉人类自己之被湮没，于是揭出恢复人类之自觉自信，以发扬人类自己之力量为致力之目标。这种灵的觉醒，表现于一切学术文艺者，大可惊人，科学之发明与物质生活之发展，亦以是为起点。现在，美的新时代，呈现曙光来了。从前完全是独断的，为宗教之奴隶的艺术及学问，现在有了近代精神的真髓——自由与独立，便以南欧的意大利为异教思潮复活的新气运之发源地而发生了。在中世纪，人们只专心一志祈求神及天国，完全忘记了自我。到了现在，遂促人心的觉醒使返于古希腊所谓"汝当自知"的态度，神本位的思想便遭灭亡了，替代的便是人间本位的思想。例如浮士德传说中，浮士德听到一种呼声在喊着他，说："神不爱你们了，你自己的意志就是你自己的神，是要将地狱中的事物给你的。"自是之后，人类始有自信自立，神无力统治全人生，一切皆赖我人之自信的努力而存在。

享乐眈美的风潮，谋灵与肉之调和的努力，人心之个人主义之觉醒，肉的本能生活之肯定，排除独断与权威之批评的精神——这些东西，一言以蔽之，就是希腊主义的复活，实为近代思想之黎明期中最有鲜明色彩的东西。

近代人文主义，其表现于事实者，在意有文艺复兴，在德有宗教改革，在英有启明运动。文艺复兴系"新生"及"再生"的意义。这不单是异教时代即希腊罗马学艺的复活，实则就是打破中世基督教之因袭及权威，人心俱得到个人的觉醒的意味。亦就是重自由的异教思潮之再起，人们与其祈求天国的幸福，宁求现在人生的享乐。宗教改革一方面反抗现世主义，别一方面鼓吹敬虔高尚的信仰。启明运动乃是一种唯理的主智的倾向，在一般思想上，嫌忌狂热，力避感情之奔放，结果使一切都照着道理行中庸之道。启明运动过于理智化，因此激起德国狂飙运动的巨潮。歌德即为此运动中的一员勇将。歌德在狂飙运动中所杀开之出路，乃给予我人以多种的教训，换句话说，就是指示我人生活的正确道路。

歌德浮士德之魔鬼，乃为中世纪思想之表现。罗马末造，人性之残忍特甚，为文化衰落之象征。基督教兴起，他的主旨是表示仁爱；他一方面厌恶世界轻视现实；另一方面在寻求天堂。这种运动传入北欧野蛮而活泼之日耳曼民族，但，日耳曼民族的神，是大自然。日耳曼的神，是代表自然力与生命力。基督教目此种代表自然力与生命力的神为代表肉欲之神，为引入地狱之魔鬼。此时期北欧的思想，成为上帝世界与魔鬼世界之竞争，即基督教出世悲观之思想与日耳曼宗教之争；若从客观观之，可说是灵魂与肉体之争。

在南欧，一般人对于人生的肯定以及智慧与力美之要求，超过于任何时代。浮士德亦即代表文艺复兴时代之穷求力美多欲之典型。浮士德之伟大，亦就是在于力美及真理之探求。人类欲望之要求，可以浮士德为代表，浮士德性格极端与基督教相反。

在文艺复兴时代，人生极力表现向前进展的力量，美术方面表出这种纯粹创造的精神最为显著，同时，在此时代之下，以为理智可以解决一切，极力推崇理智，视为人生之领导者。但，后来情形变更了，享乐主义与怀疑主义产生了。罗可可文学运动，即为跟此种享乐主义而生之运动。这两种主义澎湃于十八世纪，一方面主张以理智解决人生一切问题，而他方面只求享乐现世，只求现世生活的满足，因此便卑视文艺复兴时代之创造精神。

文艺复兴乃狂放热情之表现，而十八世纪的精神，却是冷酷的。浮士德中之魔鬼可以说是代表十八世纪的精神，而攻击热情之浮士德。我们也可以说，靡菲斯特是代表肉欲，它极力诱惑浮士德享受人生肉欲，而自以为聪明睿智，将人类向上之精神视为极其卑下事情，所以讥笑浮士德，歌德之伟大，亦就是在他的作品中，有力的表现此二种灵肉冲突的精神，亦可说是表现了两种人生的形式。

十八世纪的生活，是狭小的功利生活。情感受压抑，产生冷酷理智的学者；同时，亦产生一般肉欲的享受者。在这种形势之下，便激起了一种反动，可以卢骚为代表。卢骚谓人格之分裂，自然时代无之，所谓自然人，即是尽量从各方面发挥本性。卢骚这种言论，曾大受福尔泰的讥嘲。

狂飙运动主张人们须有有力的，自然的，以及人的生活。狂飙运动兴起时，主张破坏一切的规律与形式，但后来却又主张人生有自然轨道，此轨道即走入典型时期，少年歌德与老年歌德相异之处，亦即在老年歌德崇重形式与理智，主张生活须有轨道形式，然后生活才得完成。假如没有形式的发展，则人生便生了缺陷。

生活是人格的表现，在此生活中，须有轨道形式。如何才可以走入轨道？为解决这个问题，歌德便羡慕希腊的文化，希腊的艺术，因为它是充分表示着生活的谐和。狂飙运动的主张虽与希腊思想有所不同，但狂飙运动较为伟大的人物，却多为希腊文化之崇拜者，这倒是一件很可奇异的事。

生命是有形式的，自然界生命皆表现于形式，为各种形式之发展，生命之表现，亦必须在形式中。譬如星球等，莫不有其生命之轨道，歌德于此点尽量发挥，且关此主张，见之其著作实在不少。

人类内在潜伏有一种超越平凡的生活的欲望，即求真理的欲望，自文艺复兴以来，一切追求"力""美"和"理智"的欲望，已经不是一种平凡的欲望。享乐主义不是人生的表现，乃是人生的享乐。生命是从内向外发展的，是无尽的追求；此谓追求复活于狂飙时代，多表现于文学上。无尽的追求，固然是人类向上之鼓动力，但不幸此中却潜伏着一种悲剧。因为追求不能达到时，常变为颓废消极。最高的欲望一旦不能达到或不能加以节制，势必至崩坏，不向上反而向下降，将其欲望发挥于醇酒美人。欲望强烈之人，易受魔鬼之引诱，这一点，是人生一个难解决的问题。

狂飙运动的战将，感到生命不能屈服于功利主义，人生是有无尽的要求与欲望，为避免蹈上述受魔鬼引诱或颓废消极，于是金谓应探求出人生真正的和新的道路，他们以为人生并非泛滥的，是有一定轨道的。此一定轨道，即人人所应循之新路，为清明强健，这就是人生的典型，这种思想，我们从歌德的浮士德名著中可以看出。

歌德以为人生罪过之解脱，欲得精神之安慰，在从前以为皈依上帝即可达到，现时则不然，不能走此路，人类只有自救才可以得到人生快乐而解除去罪恶，他说人生本来有最优美的一部份在，能达到最优美的人格的人，才可以解脱。浮士德和依菲格尼二部著作，是指示人生的两种道路。依菲格尼是指示女性解脱的道路，此道路是"优美"与"温柔"。浮士德是指示男性解脱的道路，此道路是"清明"与"强健"，不是悲观的和肉欲的。

（原刊《诗歌月报》1934 年 11 月第 2 卷第 2 期。）

精彩一句：

生命是有形式的，自然界生命皆表现于形式，为各种形式之发展，生命之表现，亦必须在形式中。

广新品鉴：

宗先生回顾西方近代人文主义思想发展的历程，指出歌德名作《浮士德》中人物所代表的意义：浮士德代表对于美和真理的追求，莫菲斯特则代表诱惑与堕落。两种选择摆放在世人面前，让他们饱受灵与肉的煎熬。人生的道路究竟应该如何来走？老年歌德的思想为人们指点了迷津：生活要有轨道形式。这也颇似中国古代圣人早已指出的：自由之人"从心所欲"，但"不逾矩"。

技术与艺术

——在复旦大学文史地学会上的演讲

　　近代的技术，是人类根据科学的知识，应用到实际生活，满足生活的目的和需求的种种发明和机械。艺术则是表现人类对于宇宙人生的情感反应和个性的流露。一方面是实用，一方面是表现；一是偏于物质，一是偏重心灵；一是需要客观的冷静的知识，一是表达主观底热烈的情绪。两者似乎是绝不相谋，有"雅俗之分"。然而我们从历史上和本质上观察它们二者在人类文化整体的地位和关系，可以说：它们二者实可连系成一个文化生活的中轴，而构成文化生活的中心地位，虽非最高最主要的地位（见下图）。

　　一切有生物在它的生存斗争中，都运用种种技术以达到它的生存目的。如猫之爪，蜂之毟，狮之捕鹿，鹰之啄鱼都有他的技术（见我的另一篇文字《近代技术底精神价值》，刊《新民族》第1卷第20期）。大抵禽兽的技术利用本身上的武器，人类则创造身外的器械来满足生存的需要。故人的技术高于一切动物。这种人类技术的产生，其原因是因为人是直立的动物，能用两手攫取和运用一切身外之物（人的能直立，其进化的历史，是属于人类学的研究，我现在不用谈它）。若就哲学观察来说，因为人是直立的动物，所以能对视整个的世界，能见地上的山川草木，天上的星辰日月，因之人对于世界，能构成一个整个的宇宙观。人类对于世界遂感觉为有条理的有因果的结构。人对于宇宙能有一贯的认识，产生了控制自然和利用物力的手段。人类的世界是客观的、整个的，禽兽的世界是主观的、片面的。人类既知用智力控制宇宙，把握世界，知道用适当的方法，达生活的目的，发明工具，创出人的技术。而思索宇宙全体究竟的哲学思想与欣赏自然整个图画的艺术心灵也就同时产生。

自 1765 年瓦特发明蒸汽机以来，人类技术上显明地表示一种划时代的进步。这种大的进步，影响于人类社会上，政治上，经济上，都有很大的变化，于是发生工业革命，造成现代资本主义的社会。因之掀起世界上、国际间、民族间的一切纷争。最初的，原始的世界，仅有无生物同下等的生物。那时候还没有人类，后来不知经过了多少万年的进化，人类产生。自有人类以来，世界遂呈一种巨大的变化。因为人类用工具，以高等的技术，消灭一切其他动物的势力。于是使从前禽兽的世界，变而为人所控制的世界。然自瓦特发明蒸汽机以后，这短短的百余年中，因为机器的发明，技术的猛进，遂使人类文化上，精神上，全受到机器的支配，影响于一切的思想，文学，社会，政治，都发生一种巨大的变动和改革。中国近百年来国际地位的低落，也是受了西洋技术之威胁。就现时的抗战来论，因我们的技术的落后，吃了无数的苦痛。明白这一点，我们应该急起直追，迎头赶上去，努力创造我们的技术。

人类的文化生活，可以分为二方面：一、知的方面，二、行的方面。见图。分述如次：

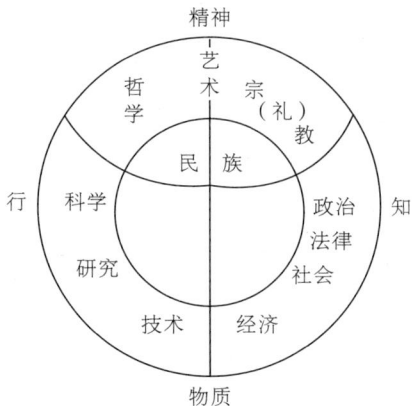

一、知的方面：我们人类在生活过程中，对于自然有种种的研究，研究的结果，我们得到一种整个系统的知识，于是产生科学及哲学。

二、行的方面：我们因为应用技术来达到生活之目的，不绝地向自然进攻，遂产生物质文明的进步，及合作的有组织的社会。要使人在社会上遵守一定的秩序，乃有法律的创制。我们要求法律的执行，遂有政治生活。这种秩序的根据和来源，中西古代的说法各异。中国说是顺天地之则，西洋则以为系上帝所创。我们用形而上的想象及假设来解释形而下的生活原理，宗教问题遂因而产生。中国的礼教谓礼是天地之序，人能顺天地之序即是尽人的责职，故知礼即是中国的宗教。技术是介于科学知识与经济生活之间的东西，是根据科学的知识来满足人类经济及社会需要的。艺术也可说是一种技术，但是它的地位是介乎哲学（人生智慧，宇宙观）与宗教（人生目的，理想，信仰）之间的东西。它不仅对于宇宙有一种了解——在理智的方面。同时另一方面，它还对于宇宙发生信仰——在情感方面。有人说艺术的成分，是以音乐成分的多少来决定其内容及价值（派脱之说）。所以我们不妨拿音乐来代表艺术。艺术与技术（工艺）原是不可分的。我们考察古代遗留的器皿，如石器、石斧、玉器、铜器上均雕有工细的花纹，形式亦非常优美。这些玉器、铜器又同时多半是宗教上用的礼器。在这里，技术，艺术，宗教，政治，和经济实用都是不可分的。

艺术通常可分为二大类：一雕刻，图画，建筑。二音乐，文学，戏剧，舞蹈。形的艺术与音的艺术。而建筑是人应用形象线条构造的美。音乐是用声音节奏构造的美。音乐与建筑，均为不自然的，人造的。所以不自然的艺术和不自然的技术又相通。大自然中的天地山川，均为自然力的表现，这是神所创造的世界。自机器发明以后，整个的地球，都为技术所支配，这是人所造的宇宙，一个非自然的世界。艺术的美与工艺技术通常看来似乎矛盾冲突，有"雅俗之分"，因为通常以为艺术是有灵魂的，美的，自然的。工艺机器是人为的，粗俗的。但艺术的美也是人为的，非自然的。不过一则偏重实际应用，一则表现自我人格，其为非自然，则是一样。

然而一切优美的艺术又都令人有"自然"之感。就建筑来说，在山明水秀的地方，我们若于适当地点着一亭翼然，我们会感到它融合于自然，以它的线条姿势表出山水的线条姿势来。此亭确为人工造的，而非自然的表现，然而吾人偏能感觉其为自然，这种矛盾的心理的确是很神秘，很微妙的。何以吾人感觉它为自然，而非人工的呢？这不能不归功于古代的人，能了解自然。他们深知每一种不同的山水，均各由其不同的特有之色、线条、结构，灵魂，造成它特殊的风格。恰如每一曲音乐，各有其特殊的调子一样。我们当然不能改变山水，创造山水，但能体验到山水的风格。伟大的建筑家能因山就水，度其形势，创造适合的建筑物，表达出山水的风格，以人为的建筑结构显示出山水的精神灵魂，有画龙点睛之妙。

这种微妙直觉的理论化与迷信化就成为"风水"之说。艺术家以一建筑结构控制自然于一秩序和谐条理之中，犹如科学家的控制自然于一逻辑体系之下。建筑能表现出山水的灵魂，音乐却能以同样抽象的节奏韵律表达出人的灵魂。所以"非自然"的技术，艺术，音乐，均可以再造出自然。技术在人类文化体系中为下层的建筑，艺术则为上层的建筑。由控制物质生活的技术到表现精神生活的艺术，一则是介于科学与经济之间，一则是介于人生智慧——哲学——与人生理想——宗教——之间，上下层联系构成了人类文化整体的中轴。我们要给与技术以精神的意义，这就是给与美感，如我们古代的工艺——玉器和铜器。

（本文为在复旦大学文史地学会上的演讲，沈业超笔记。
原刊《时事新报·学灯》1938 年 7 月 24 日。）

精彩一句：

一切优美的艺术又都令人有"自然"之感。

文风品鉴：

艺术品和普通的人工物品是有区别的，因为人工物品不是在审美经验中创造的，而是在实用经验或经济活动等经验中创造的，你用审美经验去看人工物品，其中没有"意向性"，因此你就看不出它的美。而在审美经验中我们看艺术品和自然物，它们都会美。艺术品所以美，是因为艺术家用"道法自然"的审美经验创造。自然物之所以美，是因为它是"本色"的，以其"本色"进入你的审美经验，呈现其本来面目、本真状态，所以真而且美。人工物品失去了其自然的本来面目，既不真也不美。艺术品也是人工创造的，是艺术家本着自然的、不做作的态度和行为创造的（即所谓师法自然），因而看上去很自然。人们在制造一般人工物品的时候，并不是像艺术家那样，将它创造成无实际功用的东西，因此它不美或不自然。当然，必须指出的是，人工物品和艺术品的区分也并不是绝对的。在中国古人，美与自然几乎是同一个概念。所以宗白华说，一切优美的艺术又都令人有"自然"之感。"自然"本是个大艺术家，艺术也是个"小自然"。艺术品是小宇宙，宇宙是大艺术品。

近代技术的精神价值

古人说"人为万物之灵"，这就是说人是一个能思虑、有智慧的生物，他能纯客观地（禽兽不能客观，完全受生存意志的支配）从日常的经验到科学的研究，从科学的研究到哲学的综合；他把握到宇宙的因果条理以及它最深秘的机构。系统的科学和综合的宇宙观是人类智慧底产物。

但是哲学家亚理士多德却说"人是政治的动物"，这就是说人是有合群行动的动物。人有社会的行动、政治的行动、经济的行动、道德的行动、宗教的行动等等。在每项行动中他实现了一种人生价值和文化价值，他建造了国家和国家的文化。

人，能知又能行，一面在研究真理，一面在创造事业。根据客观的科学知识以完成主观的文化底创造，这创造的过程与成就，是人类史中最有价值的贡献。

然而那化知识以成事业，运用自然的因果机构，来实现我们生活目的的一种手续，叫做什么？这就是通常所称谓的"技术（Technics）"。

"技术"原本是普遍在人类的一切行动中。现代著名哲学家斯宾格勒（Oswald Spengler）在《人与技术》一书中对技术作下列的解释：

"我们要了解技术的意义，不应该从机器技术出发，更不可堕入那魅惑的思想，以为制造机器和工具是技术的目的。事实上技术是最古老的东西。它并不是历史的特殊的现象，而是一种非常普遍的现象。它伸张到人类以外的动物，可说一切的动物。动物的生存形式所别于植物的是它能在空间自由活动，对于包围它的自然能有相当的自主自决，而因此反抗自然以伸张自己，给与自己的生存一种意义、内容和超越。只有从心灵方面才能启发技术的意义。

"动物的活动自由的生命就是战争，没有别的。而他的生存战略，对于有生或无生的自然界征服或被征服，决定了他生存的历史，决定了他的命运是忍受历史或自创历史。技术即是全生命的战略，它是战斗过程中的内在形式，它同生命本体同一意义。

"另外一个错误，也是我们要避免的：技术不该从它工具方面来了解。技术的要点不在工具的制造，而在工具的运用；不在武器而在战略。近代战争中战略是决定一切的因子，那武器的发明、制造、应用仅是全部过程中的份子。有无数的技术并没有工具：狮子用技术捕获一只鹿，外交家有外交的技术，政治的战争中有统治一国家的技术，现代有化学的及毒气的技术手续，在一个问题争辩中有逻辑技术，有用兵的技术，有骑马的技术，有驾驶飞船的技术。这里所重不在器具而在动作，有目的的动作。史前史的研究者往往只注视了博物院中所陈列的古器物，而忽视了那无数的器物的运用。这些历史的实际却不曾遗留下痕迹。

"每一个机器是为了一种运用，而且是由这运用底考虑中产生出来的。一切的交通工具是从那陆行，水行，飞行的问题中产出而不是由于舟和车的观念。方法本身是一种武器。所以技术不是经济的一'部分'，经济也不是在政治和战争旁边成为生命的独自的一部分。

"这一切只是一个行动的战斗的生命的各方面。固然，从古代动物的原始战术有一条路引展到现代的发明家和工程家。同样地，从那原始武器，那些动物底狡计，发展到机器的构造；人们运用它从事于进攻'自然'的战争，做征服'自然'的狡计。

这个，人们称做：进步，前世纪的伟大口号。"

斯宾格勒说技术是一普遍的生命的事实，这是不错的。但是近代的所谓技术（Technics）一词，则往往狭义地指那根基于近代的自然科学"发明机器和机器的运用"。

1765 年英国人瓦特 James Watt 发明了蒸汽机，这是人类技术史上的大革命而奠定了近代技术的基础。这位近代技术的创造者是结合了文艺复兴以来表现近代精神的两条路线：一条是从 Leonardo da Vinci、Guericke 等所领导的技术的发明的路线；一条是从 Galileo、Newton、Lagrauge、Laplace 所阐发的数理自然科学的路线。

瓦特根据数理的自然科学的原理——那古典的解析的机械学——来发明蒸汽机，而他的发明又反过来刺激着自然科学理论的进步。从古典的机械学进展到力学可以说大半是根基于从瓦特的机器工作效能中新获得的热力学的知识。

从此科学与技术的进步，日新月异，理论与应用互相刺激，理论的发展潜含了新应用的探试，新应用的成功又引起新问题新理论的探讨。科学、发明、应用，如环之无端，形成一线。使机械的物理的世界，服役于人生的文化的目的。康德所割分的"因果世界"和"目的世界"在近代机器技术世界里携手，构成第三世界。这个世界里面是数学，是物理，是自然力和自然律，但又是人的目的、人的构造、人的希望、人的幻想。它一面是"自然的机械"，完全受制于自然因果，但另一面又是"人为的创造"，完全服役于人生目的。它既不复是完全的自然物质，因为它经过了人的意匠。然而又还够不上纯精神文化的表现，如文学艺术、哲学道德。它是新奇的，古人所未尝梦想到的幻异世界，然却是完全植根于最踏实的经验科学和最实际的人生需用。

近代技术在一百多年间真正改变了世界的面貌。水上的交通线、空中的交通线，使空间接近、时间缩短。无数的都会出现了，工厂里聚集着千万的在单调节奏中的体力劳动者。劳动问题产生了。封建社会已转变到资本主义的社会。社会问题、经济问题、政治问题苦恼了现代的学者与政治家。而殖民地的争夺战、帝国主义的侵略战，毁灭了无数的生灵，摧残了人类千辛万苦努力堆积的精神文化。悲观论者预言这个近代文明必然地趋于沉沦毁灭，第二次世界大战爆发，伦敦、巴黎、柏林、罗马可能地于数日之间炸成飞灰，而一切学术艺术、文物菁华与学术人才同归于尽。剩下的是一片原始荒丘，文明以后的野蛮。这个现象我们已身自经历，浙江文物，中国最可贵的历史文化已牺牲在暴敌的残酷摧毁之下。西班牙也丧失了无数的人类宝藏。

然而乐观论者以为这种恶果是由于人类自己精神上道德上的缺点，经济制度和政治形式的不健全，未能赶得上对近代技术有合理的控制和运用。近代技术的发展使人类愈过愈趋于密切的联系，严格的组织，生活合理化，行动纪律化。全世界必然地因技术关系成为严密的合作的大组织。全世界统一在一个技术政治之下，是未来的理想的人类社会。

技术本是一种能力，是一种价值，它是人类聪明的伟大发现，科学树上生出的佳果。运用得当，是一切文化事业成功的因素，人类幸福可能的基础；运用不得当，在野蛮人的手中自然可以摧毁一切人类文化。所以为福为祸，应用的当不当，这个责任却不该由技术来负，而是应该由哲学来负的。

哲学同技术一样，也是人类最古老的东西；古代的神巫、魔术师，他们就是哲学的前身，他们是古代知识智慧的保藏者，他们也就是古代技术的运用者，智慧与技术集于一身。近代科学研究的开始，仍系由中古时代的魔术师、炼金术士为前驱。

古代的哲学智慧，指导一个民族的政治轨道、道德标准，确定人生理想与文化价值。它辨别是非、善恶、美丑、利害，它给与一切以确当的价值和地位。近代技术在近代人生和文化上既然有这大的重要和影响，哲学必须努力了解它的价值与意义，以确定它在人生的地位。我们在这里仅就它在人生精神方面的价值加以探讨，因为这在哲学立场上是比较重要的

近代技术既是根据科学知识从事于机械的发明和这机械的运用，于是对于近代技术最有关系的是三种人物：①发明家，②工程师，③机器工人。兹分别论之：

"发明"是近代人最大的愉快和幸福。发明家根据科学把握着自然的秘锁，凭藉灵敏的丰富的构想力，创构机器以役使自然，服务人类。机器完全是根据人的意匠的构造，实现着人的需用和目的。但它里面却捆绑着自然力和自然律。"自然"在机器里踏上一个"世界的新阶层"。它从物质因果世界踏上文化价值

世界，每一架机器自成一个圆满的存在，那样的巧妙，那样的生动，却又那样地实际。机器是现代的罗曼蒂克，发明家是现代的诗人。往往一架机器的幻异恢奇，超过一首灵巧的诗。

发明家要有胆大的构想力的冒险，文艺复兴时代的大艺术家达文西也就是一位典型的发明家。但是发明家的奔放的想象力需一方面受着科学的逻辑的约束，一方面受着实际目的和应用的领导。他开拓的新境可以无穷，而不离开科学和实用。发明家是近代机械化了的社会与人生里仍需保持活跃的想象力和心灵的冒险的人物。艺术的天才在这时代里一个新的活动领域。虽然发明不能代替纯艺术的精神表现与创造。

工程师计划着近代技术的实际应用。他联系了科学技术与实际社会和经济。他是国家建设方面的设计人才。然而现代工程师因专门化的结果，偏重工程技术的知识。在举办一件国家建设事业时期，需就地方特殊情形，参考历史学者、社会学者、经济学者的意见，方能避免许多时空的错误。工程师的长处在计划与组织。工厂里的组织和管理是近代社会组织、国家组织的模范。工程师的缜密、精细、踏实、负责、生活纪律化、事业科学化，这种精神也应该是政治人员的精神模范。尤其是我们中国的政治人员。

至于机器工人，他服务于大工厂里一小部分机械的管理和运用，他需有负责的精神和技术的训练。他的道德是"遵守岗位，服务全体"，这不是现代国家每一个公民应具的道德么？机器工人不是一个机械，而应该是自觉的自尊的守责的道德的人格。他是这座国家文化建筑的朴素的谦虚的砖块。他的精神是最简单的，然而应该是最普遍的。

近代技术的发展虽引起了产业革命后的严重的社会问题和国际斗争，然而也同时必然地加紧了人类互助合作的关系，组织力的增进是它的社会价值。人类渐渐地联系在一张技术合作的网里。一种统一的"人类文化"已逐渐的展开。然而无数的阴霾尚遮掩这旭日的上升。只有在正确的哲学领导下才能引上那坦荡的大道。

人类文化的各部门，如科学、艺术、法律、政治、经济以至于人格修养、社会的组织、宗教的修行，都有着它的"技术方面"，技术使它们成功、实现。技术使真理的追寻者逼迫"自然"交出答案，技术使艺术家的幻想成为具体。

技术使高度复杂的政治运用和经济生产获得效果。

然而什么是真理？什么是美？什么是合理的法律？什么是人类理想的政治、合理的经济组织？什么是道德？什么是健全的社会？什么是神？这些问题的研究者和解答者却是哲学。

哲学确定人生的价值和理想，技术使它们实现。技术固然可贵，一个正确的政治主义，一个合理的社会目的，一个伟大的民族理想，尤为可贵。技术的价值在使它们能成功实现。

技术能服役于人类真正的文化事业，服役于"创造的冲动"而不服役于"占有的冲动"，才是人类的幸福而不为人类的灾祸。这次我国空军远征日本散播传单而不轰炸文化机关，表现我民族的精神伟大，也给与这近代技术以高贵的意义。

在助成人类理想的实现上技术固有了它的文化价值，然而它本身也具有它的精神价值，近代技术也陶冶了一种近代的人生精神和态度。

我们中国还缺乏近代技术，更缺乏那技术的精神陶冶。我们一方面需要那缜密、精细、负责、踏实、富有组织力和服务的精神。我们也需要那根基科学的发明能力和创造的精神（至于近代技术在抗战中的经济价值和军事价值，人人皆知兹不论及）。

中国是个富有哲学理想的高尚的民族，在这次抗战中我们见到每一个兵士都肯杀身成仁，慷慨殉国。若不是国家有数千年文化深入人心，每一个兵士爱国家寸土胜于个人生命，怎能有这伟大形象？

这种精神决可保障中国不亡。在艰苦的持久的抗战中一个近代国家已经产生，在建造新国家的大业中技术和哲学是两根重要的柱石，而这两根柱石都是植根于科学的研究。

（原刊《新民族》1938 年 7 月 10 日第 1 卷第 20 期。）

精彩一句：

机器是现代的罗曼蒂克，发明家是现代的诗人。

广新品鉴:

宗先生从诗人、哲学家的眼光看世界,超越了常人对于技术的简单崇拜。他受康德思想的影响,认为世界既是遵循因果关系的技术世界,同时也是实现人类创造理想的"目的世界";技术的发展固然重要,但其最终目的是为了人类美好的生活。因此他将技术和哲学视为新国家建设的"两根重要的柱石",大抵就是我们今天倡导的物质文明与精神文明比翼齐飞吧?

略谈艺术的"价值结构"

　　近代美学的开始，是笼罩在实验心理学的方法与观点下面，成为心理学的局部。美感过程的描述，艺术创造与艺术欣赏之心理分析，成为美学的中心事务。而艺术品本身的价值的评判，艺术意义的探讨与发阐，艺术理想的设立，艺术对于人生与文化的地位与影响，这些问题，向来是哲学家及艺术批评家所注意的。现在仍是交给哲学家及艺术批评家去发表意见。

　　但这一些问题可以，集中于一个主体问题，这就是"艺术"这个"价值结构"的分析与研究。艺术是人类文化创造生活之一部，是与学术、道德、工艺、政治，同为实现一种"人生价值"与"文化价值"。普通人说艺术之价值在"美"，就同学术、道德之价值在"真"与"善"一样。然而，自然界现象也表现美，人格个性也表现美。艺术固然美，却不止于美。且有时正在所谓"丑"中表现深厚的意趣，在哀感沉痛中表现缠绵的顽艳。艺术不只是具有美的价值，且富有对人生的意义、深入心灵的影响。艺术至少是三种主要"价值"的结合体：

　　一、形式的价值，就主观的感受言，即"美的价值"。

二、抽象的价值，就客观言，为"真的价值"，就主观感受言，为"生命的价值"（生命意趣之丰富与扩大）。

三、启示的价值，启示宇宙人生之最深的意义与境界，就主观感受言，为"心灵的价值"，心灵深度的感动，有异于生命的刺激。

"形"、"景"、"情"是艺术的三层结构，现在略略谈述如下：

形式的价值。关于艺术中所谓"形式"之意义与价值，我最近在另一篇文字里（《论中西画法之渊源与基础》，载中央大学《文艺丛刊》第二期，将近出版）曾有以下的说明，兹引述于此，不再费词：

> "美术中所谓形式，如数量的比例、形线的排列（建筑）、色彩的和谐（绘画）、音律的节奏，都是抽象的点、线、面、体或声音等的交织结构。为了集中地提高和深入地反映现实的形象及心情诸感，使人在摇曳荡漾的律动与谐和中窥见真理，引人发无穷的意趣，绵渺的思想。"

但形式的作用，尚不止于此，可以别为三项：

（一）美的形式的组织，使一片自然或人生的景象，自成一独立的有机体，自构一世界，从吾人实际生活之种种实用关系中，超脱自在："间隔化"是"形式"的重要的消极的功用。

美的对象之第一步，需要间隔。图画的框，雕像的石座，堂宇的栏干台阶，剧台的帷幕（新式的配光法及观众坐黑暗中），从窗眼窥青山一角，登高俯瞰黑夜幕罩的灯火街市。这些幻美的境界，都是由各种间隔作用造成。

（二）美的形式之积极的作用是组织、集合、配置。一言蔽之，是构图。使片景孤境自织成一内在自足的境界，无求于外而自成一意义丰满的小宇宙，启示着宇宙人生的更深一层真实。要能不待框廓，已能遗世独立，一顾倾城。

希腊大建筑家，以极简单朴质的形体线条，构造雅典庙堂，使人千载之下瞻赏之，尤有无穷高远圣美的意境，令人不能忘怀。

（三）形式之最后与最深的作用，就是它不只是化实相为空灵，引人精神飞越，超入美境。而尤在它能进一步引人"由美入真"，深入生命节奏的核心。世界上唯有最抽象的艺术形式——如建筑、音乐、舞蹈姿态、中国书法、中国戏面谱，钟鼎彝器的形态花纹——乃最能象征人类不可言状的心灵姿式与生命的律动。

每一个伟大的时代，伟大的文化，都欲在实用生活之余裕，或在宗教典礼、庙堂祭祀时，以庄严的建筑、崇高的音乐、闳丽的舞蹈，表达这生命的高潮，一代精神之最高节奏。建筑形体的抽象结构，音乐的节奏和谐，舞蹈的线纹姿式，最能表现吾人深心的情调与律动。吾人借此返于"失去了的和谐，埋没了的节奏"，重新获得生命的核心，乃得真自由，真解脱，真生命。

"形式"为美术之所以成为美术的基本条件，独立于科学、哲学、道德、宗教等文化事业外，自成一文化的结构，生命的表现。它不只是实现了"美"的价值，且深深地表达了生命的情调与意味。

然人生仪态万方，宇宙也奇丽诡秘，生命的境界无穷尽，形象的姿式也无穷尽，于是，描摹物象以达造化之情，也是艺术的主要事业。

抽象的价值：文学、绘画、雕刻，都是描写人物情态形象，以寄托遥深的意境。希腊的雕刻，保存着希腊的人生姿态，莎士比亚的剧本，表现着文艺复兴时的人心悲剧。艺术的描摹，不是机械的摄影，乃系以象征方式，提示人生情景的普遍性。"一朵花中窥见天国，一粒沙中表象世界。"艺术家描写人生万物，都是这种象征式的。我们在艺术的描象中，可以体验着"人生的意义"。"人心的定律"，"自然物象最后最深的结构"，就同科学家发现物理的构造与力的定理一样。艺术的里面，不只是"美"，且包含着"真"。

这种"真"的呈露，使我们鉴赏者，周历多层的人生境界，扩大心襟，以至与人类的心灵为一体，没有一丝的人生意味不反射自己心里。在此，已经触到艺术的启示的价值。清代大画家恽南田，曾对于一幅画景，有如是的描写：

> 谛视斯境，一草一树、一丘一壑，皆洁庵灵想所独辟，总非人间所有。其意象在六合之表，荣落在四时之外。

这几句话，真说尽艺术所启示的最深境界。艺术的境相本是幻的，所谓"灵想所独辟，总非人间所有。"但它同时都启示了高一级的真实，所谓"意象在六合之表"。古人说："超以象外，得其环中"。借幻境以表现最深的真境，由幻以入真，这种"真"，不是普遍的语言文字，也不是科学公式所能表达的真，这只是艺术的"象征力"所能启示的真实。

真实是超时间的，所以"荣落在四时之外"。艺术同哲学、科学、宗教一样，也启示着宇宙人生最深的真实，但却是借助于幻像的象征力，以诉之于人类的直观心灵与情绪意境，而"美"是它的附带的"赠品"。

（原刊《创作与批评》1934 年 7 月第 1 卷第 2 期。）

精彩一句：

艺术同哲学科学宗教一样，也启示着宇宙人生最深的真实，但却是借助于幻想的象征力以诉之于人类的直观的心灵与情绪意境。

瑞明品鉴：

宗白华说，艺术的价值结构有三层：形式的价值，描象的价值，启示的价值。艺术的形式价值，在于成就艺术本身的直观性存在，即美。艺术的描象价值，在于成就艺术本身的内容基础，即善。艺术的启示价值，是艺术成就自身的最高依据，即真。这三层价值由表及里，组成一个内在统一而完整的整体，以表征人类的心灵、情绪与意境。

那么艺术的价值只在带给人们美感吗？宗先生认为，非也。艺术价值结构的作用不只是塑造营构一个美的艺术世界，让人欣赏赞叹；更重要的是，在美的享受之中，进一步引导人去体悟深一层的真，体悟生命的真精神，生命的情调与意味。这样看来，艺术的价值结构，实质上是人生价值结构的另一表达式。

略论文艺与象征

诗人艺术家在这人世间，可具两种态度：醉和醒。醒者张目人间，寄情世外，拿极客观的胸襟"漱涤万物，牢笼百态"（柳宗元语），他的心像一面清莹的镜子，照射到街市沟渠里面的污秽，却同时也映着天光云影，丽日和风！世间的光明与黑暗，人心里的罪恶与圣洁，一体显露，并无差等。所谓"赋家之心，包括宇宙"，人情物理，体会无遗。英国的莎士比亚，中国的司马迁，都会留下"一个世界"给我们，使我们体味不尽。他们的"世界"虽匠心的创造，却都是具有真情实理，生香活色，与自然造化一般无二。

然而他们究竟是大诗人，诗人具有别材别趣，尤贵具有别眼。包括宇宙的赋家之心反射出的仍是一个"诗心"所照临的世界。这个世界尽管十分客观，十分真实，十分清醒，终究蒙上了一层诗心的温情和智慧的光辉，使我们读者走进一个较现实更清朗、更生动、更深厚的富于启发性的世界。

所以诗人善醒，他能透澈人情物理，把握世界人生真境实相，散布着智慧，那由深心体验所获得的晶莹的智慧。

但诗人更要能醉，能梦。由梦由醉诗人方能暂脱世俗，超俗凡近，深深地深深地坠入这世界人生的一层变化迷离，奥妙惝恍的境地。《古诗十九首》，凿空乱道，归趣难穷，读之者回顾踌躇，百端交集，茫茫宇宙，渺渺人生，念天地之悠悠，独怆然而涕下；一种无可奈何的情绪，无可表达的沉思，无可解答的疑问，令人愈体愈深，文艺的境界邻近到宗教境界（欲解脱而不得解脱，情深思苦的境界）。

这样一个因体会之深而难以言传的境地，已不是明白清醒的逻辑文体所能完全表达。醉中语有醒时道不出的。诗人艺术家往往用象征的（比兴的）手法才能传神写照。诗人于此凭虚构象，象乃生生不穷；声调，色采，景物，奔走笔端，推陈出新，迥异常道。戴叔伦说："诗家之境，如蓝田日暖，良玉生烟，可望而不可置于眉睫之间。"可望而不可置于眉睫之间，就是说艺术的艺境要和吾人具相当距离，迷离惝恍，构成独立自足，刊落凡近的美的意象，才能象征那难以言传的深心里的情和境。

所以最高的文艺表现，宁空毋实，宁醉毋醒。西洋最清醒的古典艺境，希腊雕刻，也要在圆浑的肉体上留有清癯而不十分充满的境地，让人们心中手中波动一痕相思和期待。阿波罗神象在他极端清朗秀美的面庞上，仍流动着沉沉的梦意在额眉眼角之间。

杜甫诗云"篇终接混茫"，有尽的艺术形象，须映在"无尽"的和"永恒"的光辉之中，"言在耳目之内，情寄八荒之表"。一切生灭相，都是"永恒"的和"无尽"的象征。屈原、阮籍、左太冲、李白、杜甫，都曾登高远望，情寄八荒。陶渊明诗云"愿言蹑清风，高举寻吾契"，也未尝没有这"登高远望所思"（阮籍诗句）的浪漫情调。但是他又说："即事如已高，何必升华嵩？"这却是儒家的古典精神。这和他的"结庐在人境，而无车马喧"，同样表现出他那"即平凡即圣境"的深厚的人生情趣。无怪他"即事多所欣"，而深深的了解孔颜的乐处。

中国的诗人画家善于体会造化自然的微妙的生机动态。徐迪功所谓"朦胧萌坼，浑沌贞粹"的境界。画家发明水墨法，是想追蹑这朦胧萌坼的神化的妙境。米友仁（宋画家）自题《潇湘图》："夜雨欲霁，晓烟既泮，则其状类若此。"韦苏州（唐诗人）诗云"微雨夜来过，不知春草生"，都能深入造化之"几"，而以诗画表露出来。这种境界是深静的，是哲理的，是偏于清醒的，和

《古诗十九首》的苍茫踌躇，百端交集，大不相同。然而同是人生的深境，同需要象征手法才能表达出来。

清初叶燮在《原诗》里说得好："要之，作诗者实写理、事、情。可以言言，可以解解，即为俗儒之作。唯不可名言之理，不可施见之事，不可经达之情，则幽渺以为理，想象以为事，惝恍以为情，方为理至，事至，情至之语。"又说："可言之理，人人能言之，又安在诗人之言之！可征之事，人人能述之，又安在诗人之述之！必有不可言理，不可述之事，遇之于默会意象之表，而理与事无不灿然于前者也。"

他这话已经很透彻地说出文艺上象征境界的必要，以及它的技术，即"幽渺以为理，想象认为事，惝恍以为情"，然后运用声调、词藻、色采，巧妙地烘染出来，使人默会于意象之表，寄托深而境界美。

（原刊《观察》1947 年 9 月 6 日第 3 卷第 2 期。）

精彩一句：

这个世界尽管十分客观，十分真实，十分清醒，终究蒙上了一层诗心的温情和智慧的光辉，使我们读者走进一个较现实更清朗更生动更深厚的富于启发性的世界。

广新品鉴：

艺术家能够使寻常的事物展现出不凡的面目，甚至化腐朽为神奇，藉此引导我们体味一个日常生活之外的世界。宗白华以为，艺术家借助辞藻、声调、色彩、变异的形象，为我们熏染出如梦如幻的艺术世界。这个世界既熟悉又陌生，让我们默会于天地之心，导引出对生命的热爱。

论文艺的空灵与充实

周济（止庵）《宋四家词选》里论作词云："初学词求空，空则灵气往来！既成格调，求实，实则精力弥满。"

孟子曰："充实之谓美。"

从这两段话里可以建立一个文艺理论，试一述之：先看文艺是什么？画下面一个图来说明：

精　神　生　活
（真）（善）（美）

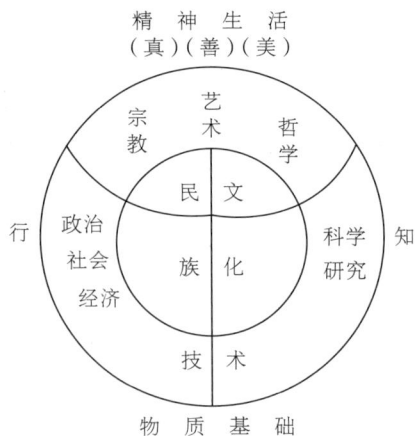

物　质　基　础

一切生活部门都有技术方面，想脱离苦海求出世间法的宗教家，当他修行证果的时候，也要有程序、步骤、技术，何况物质生活方面的事件？技术直接处理和活动的范围是物质界。它的成绩是物质文明，经济建筑在生产技术的上面，社会和政治又建筑在经济上面。然经济生产有待于社会的合作和组织，社会的推动和指导有待于政治力量。政治支配着社会，调整着经济，能主动，不必尽为被动的。这因果作用是相互的。政与教又是并肩而行，领导着全体的物质生活和精神生活。古代政教合一，政治的领袖往往同时是大教主、大祭师。现代政治必须有主义做基础，主义是现代人的宇宙观和信仰。然而信仰已经是精神方面的事，从物质界、事务界伸进精神界了。

人之异于禽兽者有理性、有智慧，他是知行并重的动物。知识研究的系统化，成科学。综合科学知识和人生智慧建立宇宙观、人生观，就是哲学。

哲学求真，道德或宗教求善，介乎二者之间表达我们情绪中的深境和实现人格的谐和的是"美"。

文学艺术是实现"美"的。文艺从它左邻"宗教"获得深厚热情的灌溉，文学艺术和宗教携手了数千年，世界最伟大的建筑雕塑和音乐多是宗教的。第一流的文学作品也基于伟大的宗教热情。《神曲》代表着中古的基督教。《浮士德》代表着近代人生的信仰。

文艺从它的右邻"哲学"获得深隽的人生智慧、宇宙观念，使它能执行"人生批评"和"人生启示"的任务。

艺术是一种技术，古代艺术家本就是技术家（手工艺的大匠）。现代及将来的艺术也应该特重技术。然而他们的技术不只是服役于人生（像工艺）而是表现着人生，流露着情感个性和人格的。

生命的境界广大，包括着经济、政治、社会、宗教、科学、哲学。这一切都能反映在文艺里。然而文艺不只是一面镜子，映现着世界，且是一个独立的自足的形象创造。它凭着韵律、节奏、形式的和谐、彩色的配合，成立一个自己的有情有象的小宇宙；这宇宙是圆满的、自足的，而内部一切都是必然性的，因此是美的。

文艺站在道德和哲学旁边能并立而无愧。它的根基却深深地植在时代的技术阶段和社会政治的意识上面，它要有土腥气，要有时代的血肉，纵然它的头绪伸进精神的光明的高超的天空，指示着生命的真谛，宇宙的奥境。

文艺境界的广大，和人生同其广大；它的深邃，和人生同其深邃，这是多么丰富、充实！孟子曰："充实之谓美。"这话当作如是观。

然而它又需超凡入圣，独立于万象之表，凭它独创的形象，范铸一个世界，冰清玉洁，脱尽尘滓，这又是何等的空灵？

空灵和充实是艺术精神的两元，先谈空灵！

一、空灵

艺术心灵的诞生，在人生忘我的一刹那，即美学上所谓"静照"。静照的起点在于空诸一切，心无挂碍，和世务暂时绝缘。这时一点觉心，静观万象，万象如在镜中，光明莹洁，而各得其所，呈现着它们各自的充实的、内在的、自由的生命，所谓"万物静观皆自得"。这自得的、自由的各个生命在静默里吐露光辉。

苏东坡诗云：

> 静故了群动，
> 空故纳万境。

王羲之云：

> 在山阴道上行，
> 如在镜中游。

空明的觉心，容纳着万境，万境浸入人的生命，染上了人的心灵。所以周济说："初学词求空，空则灵气往来。"灵气往来是物象呈现着灵魂生命的时候，是美感诞生的时候。

所以美感的养成在于能空，对物象造成距离，使自己不沾不滞，物象得以孤立绝缘，自成境界：舞台的帘幕，图画的框廓，雕像的石座，建筑的台阶、栏干，诗的节奏、韵脚，从窗户看山水、黑夜笼罩下的灯火街市、明月下的幽淡小景，都是在距离化、间隔化条件下诞生的美景。

李方叔词《虞美人·过拍》云："好风如扇雨如帘，时见岸花汀草涨痕添。"

李商隐词："画檐簪柳碧如城，一帘风雨里，过清明。"

风风雨雨也是造成间隔化的好条件，一片烟水迷离的景象是诗境，是画意。

中国画堂的帘幕是造成深静的词境的重要因素，所以词中常爱提到。韩持国的词云：

> 燕子渐归春悄，
> 帘幕垂清晓。

况周颐评之曰："境至静矣，而此中有人，如隔蓬山，思之思之，遂由静而见深。"

董其昌曾说："摊烛下作画，正如隔帘看月，隔水看花！"他们懂得"隔"字在美感上的重要。

然而这还是依靠外界物质条件造成的"隔"。更重要的还是心灵内部方面的"空"。司空图《诗品》里形容艺术的心灵当如"空潭泻春，古镜照神"，形容艺术人格为"落花无言，人淡如菊"，"神出古异，淡不可收"。艺术的造诣当"遇之匪深，即之愈稀"，"遇之自天，泠然希音"。

精神的淡泊，是艺术空灵化的基本条件。欧阳修说得最好："萧条淡泊，此难画之意，画家得之，览者未必识也。故飞动迟速，意浅之物易见，而闲和严静，趣远之心难形。"萧条淡泊，闲和严静，是艺术人格的心襟气象。这心襟，这气象能令人"事外有远致"，艺术上的神韵油然而生。陶渊明所爱的"素心人"，指的是这境界。他的一首《饮酒》诗更能表出诗人这方面的精神形态：

> 结庐在人境，
> 而无车马喧。

问君何能尔，

心远地自偏。

采菊东篱下，

悠然见南山。

山气日夕佳，

飞鸟相与还。

此中有真意，

欲辨已忘言。

陶渊明爱酒，晋人王蕴说："酒正使人人自远。""自远"是心灵内部的距离化。

然而"心远地自偏"的陶渊明才能"悠然见南山"，并且体会到"此中有真意，欲辨已忘言"。可见艺术境界中的"空"并不是真正的空，乃是由此获得"充实"，由"心远"接近到"真意"。

晋人王荟说得好："酒正引人著胜地"，这使人人自远的酒正能引人著胜地。这胜地是什么？不正是人生的广大、深邃和充实？于是谈"充实"！

二、充实

尼采说艺术世界的构成由于两种精神：一是"梦"，梦的境界是无数的形象（如雕刻）；一是"醉"，醉的境界是无比的豪情（如音乐）。这豪情使我们体验到生命里最深的矛盾、广大的复杂的纠纷；"悲剧"是这壮阔而深邃的生活的具体表现。所以西洋文艺顶推重悲剧。悲剧是生命充实的艺术。西洋文艺爱气象宏大、内容丰满的作品。荷马、但丁、莎士比亚、塞万提斯、歌德，直到近代的雨果、巴尔扎克、斯丹达尔、托尔斯泰等，莫不启示一个悲壮而丰实的宇宙。

歌德的生活经历着人生各种境界，充实无比。杜甫的诗歌最为沉着深厚而有力；也是由于生活经验的充实和情感的丰富。

周济论词空灵以后主张："求实，实则精力弥满。精力弥满则能赋情独深，冥发妄中，虽铺叙平淡，摹绘浅近，而万感横集，五中无主，读其篇者，临渊窥鱼，意为鲂鲤，中宵惊电，罔识东西，赤子随母啼笑，乡人缘剧喜怒。"这话真能形容一个内容充实的创作给我们的感动。

司空图形容这壮硕的艺术精神说："天风浪浪，海山苍苍。真力弥满，万象在旁。""返虚入浑，积健为雄。""生气远出，不著死灰。妙造自然，伊谁与裁。""是有真宰，与之浮沉。""吞吐大荒，由道反气。""与道适往，著手成春。""行神如空，行气如虹！"艺术家精力充实，气象万千，艺术的创造追随真宰的创造。

> 黄子久（元代大画家）终日只在荒山乱石、丛木深篠中坐，意态忽忽，人不测其为何。又每往泖中通海处看急流轰浪，虽风雨骤至，水怪悲诧而不顾。

他这样沉酣于自然中的生活，所以他的画能"沉郁变化，与造化争神奇"。六朝时宗炳曾论作画云"万趣融其神思"，不是画家这丰富心灵的写照吗？

中国山水画趋向简淡，然而简淡中包具无穷境界。倪云林画一树一石，千岩万壑不能过之。恽南田论元人画境中所含丰富幽深的生命，说得最好：

> 元人幽秀之笔，如燕舞飞花，揣摹不得；如美人横波微盼，光采四射，观者神惊意丧，不知其何以然也。元人幽亭秀木自在化工之外一种灵气。惟其品若天际冥鸿，故出笔便如哀弦急管，声情并集，非大地欢乐场中可得而拟议者也。

哀弦急管，声情并集，这是何等繁富热闹的音乐，不料能在元人一树一石、一山一水中体会出来，真是不可思议。元人造诣之高和南田体会之深，都显出中国艺术境界的最高成就！然而元人幽淡的境界背后，仍潜隐着一种宇宙豪情。南田说："群必求同，求同必相叫，相叫必于荒天古木，此画中所谓意也。"

相叫必于荒天古木，这是何等沉痛超迈深邃热烈的人生情调与宇宙情调？

这是中国艺术心灵里最幽深、悲壮的表现了罢？

叶燮在《原诗》里说："可言之理，人人能言之，安在诗人之言之；可征之事，人人能述之，又安在诗人之述之，必有不可言之理，不可述之事，遇之于默会意象之表，而理与事无不灿然于前者也。"

这是艺术心灵所能达到的最高境界！由能空、能舍，而后能深、能实，然后宇宙生命中一切理一切事，无不把它的最深意义灿然呈露于前。"真力弥满"，则"万象在旁"，"群籁虽参差，适我无非新"（王羲之诗）。

总上所述，可见中国文艺在空灵与充实两方都曾尽力，达到极高的成就。所以中国诗人尤爱把森然万象映射在太空的背景上，境界丰实空灵，像一座灿烂的星天！

王维诗云："徒然万象多，澹尔太虚缅。"

韦应物诗云："万物自生听，大空恒寂寥。"

（原刊《文艺月刊》1943 年 5 月号。）

精彩一句：

这是艺术心灵所能达到的最高境界！由能空、能舍，而后能深、能实，然后宇宙生命中一切理一切事，无不把它的最深意义灿然呈露于前。

瑞明品鉴：

宗白华认为，清代周济论词拈出的"空"字，实际上就是美学上的"静照"，一种淡泊清净的精神状态，其目的是在距离化、间隔化中生成美感。而"充实"则是生活经验的充实和情感的丰富，更重要的是精力弥满而赋情独深的人生态度与修养。由"充实"的人生通向一种深沉的人生情调与宇宙情调，这才是艺术心灵所能达到的最高境界。

空灵和充实是艺术精神的两元，既要超凡入圣，独立于万象之表，又要深入广大深邃的人生，追随真宰的创造。能空、能舍，而后能深、能实，在所范铸的艺术世界中，体验宇宙、发现宇宙，进而把宇宙与人生圆融起来。如此，空灵与充实既是艺术表现，也是真理探求，更是人生实践，是审美与人生兼顾合一的美学表述。

艺术生活
——艺术生活与同情

你想要了解"光"么？

你可曾同那疏林透射的斜阳共舞？

你可曾同那黄昏初现的冷月齐颤？

你可曾同那蓝天闪闪的星光合奏？

你想了解"春"么？

你的心琴可有那蝴蝶翅的翩翩情致？

你的歌曲可有那黄莺儿的千啭不穷？

你的呼吸可有那玫瑰粉的一缕温馨？

诸君！艺术的生活就是同情的生活呀！无限的同情对于自然，无限的同情对于人生，无限的同情对于星天云月，鸟语泉鸣，无限的同情对于死生离合，喜笑悲啼。这就是艺术感觉的发生，这也是艺术创造的目的！

诸君！我们这个世界，本是一个物质的世界，本是一个冷酷的世界。你看，大宇长宙的中间何等黑暗呀！何等森寒呀！但是，它能进化、能活动、能创造，这是什么缘故呢？因为它有"光"，因为他有"热"！

诸君！我们这个人生，本是一个机械的人生，本是一个自利的人生。你看，社会民族中间何等黑暗呀！何等森寒呀！但是，他也能进化、能活动、能创造，这是什么缘故呢？因为它有"情"，因为它有"同情"！

同情是社会结合的原始，同情是社会进化的轨道，同情是小已解放的第一步，同情是社会协作的原动力。我们为人生向上发展计，为社会幸福进化计，不可不谋人类"同情心"的涵养与发展。哲学家和科学家，兢兢然求人类思想见解的一致，宗教家与伦理学家，兢兢然求人类意志行为的一致，而真能结合人类情绪感觉的一致者，厥唯艺术而已。一曲悲歌，千人泣下；一幅画境，行者驻足，世界上能融化人感觉情绪于一炉者，能有过于美术的么？美感的动机，起于同感。我们读一首诗，如不能设身处地，直感那诗中的境界，则不能了解那首诗的美。我们看一幅画，如不能神游其中，如历其境，则不能了解这幅画的美。我们在朝阳中看见了一枝带露的花，感觉着它生命的新鲜，生意的无尽，自由发展，无所挂碍，便觉得有无穷的不可言说的美。

譬如两张琴，弹了一琴的一弦，别张琴上，同音的弦，方能共鸣。自然中间美的谐和，艺术中间美的音乐，也唯有同此弦音，方能合奏。所以，有无穷的美，深藏若虚，唯有心人，乃能得之。

但是，我们心琴上的弦音，本来色彩无穷，一个艺术家果能深透心理，扣着心弦，聊歌一曲，即得共鸣。所以，艺术的作用，即是能使社会上大多数的心琴，同入于一曲音乐而已。

这话怎讲？我们知道，一个学术思想，还很不难得全社会的赞同。因为思想，可以根据事实，解决是非。我们又知道，一件事业举动，也还不难得全社会的同情。因为事业，可以根据利害，决定从违。这两种都有客观的标准，不难强令社会于一致。但是，说到情绪感觉上的事，却是极为主观，很难一致的了。我以为美的，你或者以为丑。你以为甘的，我或者以为苦。并且，各有其实际，决不能强以为同。所以，情绪感觉，不是争辩的问题，乃是直觉自决的问题。但是，一个社会中感情完全不一致，却又是社会的缺憾与危机。因为

"同情"本是维系社会最重要的工具。同情消灭，则社会解体。

艺术的目的是融社会的感觉情绪于一致，譬如一段人生，一幅自然，各人遇之，因地位关系之差别，感觉情绪，毫不相同。但是，这一段人生，若是描写于小说之中，弹奏于音乐之里，这一幅自然，若是绘画于图册之上，歌咏于情词之中，则必引起全社会的注意与同感，而最能使全社会情感荡漾于一波之上者，尤莫如音乐。所以，中国古代圣哲极注重"乐教"。他们知道，唯有音乐，能调和社会的情感，坚固社会的组织。

不单是艺术的目的，是谋社会同情心的发展与巩固。本来，艺术的起源，就是由人类社会"同情心"的向外扩张到大宇宙自然里去。法国哲学家居友（Guyau）在他的名著《艺术为社会现象》中，论之甚详。我们人群社会中，所以能结合与维持者，是因为有一种社会的同情。我们根据这种同情，觉着全社会人类都是同等，都是一样的情感嗜好，爱恶悲乐。同我之所以为"我"，没有什么大分别。于是，人我之界不严，有时以他人之喜为喜，以他人之悲为悲。看见他人的痛苦，如同身受。这时候，小我的范围解放，入于社会大我之圈，和全人类的情况感觉一致颤动，古来的宗教家如释迦、耶稣，一生都在这个境界中。

但是，我们这种对于人类社会的同情，还可以扩充张大到普遍的自然中去。因为自然中也有生命，有精神，有情绪感觉意志，和我们的心理一样。你看一个歌咏自然的诗人，走到自然中间，看见了一枝花，觉得花能解语，遇着了一只鸟，觉得鸟亦知情，听见了泉声，以为是情调，会着了一丛小草，一片蝴蝶，觉得也能互相了解，悄悄地诉说他们的情，他们的梦，他们的想望。无论山水云树，月色星光，都是我们有知觉、有感情的姊妹同胞。这时候，我们拿社会同情的眼光，运用到全宇宙里，觉得全宇宙就是一个大同情的社会组织，什么星呀，月呀，云呀，水呀，禽兽呀，草木呀，都是一个同情社会中间的眷属。这时候，不发生极高的美感么？这个大同情的自然，不就是一个纯洁的高尚的美术世界么？诗人、艺术家，在这个境界中，无有不发生艺术的冲动，或舞歌或绘画，或雕刻创造，皆由于对于自然，对于人生，起了极深厚的同情，深心中的冲动，想将这个宝爱的自然，宝爱的人生，由自己的能力再实现一遍。

　　艺术世界的中心是同情，同情的发生由于空想，同情的结局入于创造。于是，所谓艺术生活者，就是现实生活以外一个空想的同情的创造的生活而已。

　　　　　　　　　　（原刊《少年中国》1921 年 1 月 15 日第 2 卷第 7 期。）

精彩一句：

　　所谓艺术生活者，就是现实生活以外一个空想的同情的创造的生活而已。

广新品鉴：

　　知、情、意是人类心理活动的三种基本形式。大体上讲，认知主要是哲学家和科学家的任务，其标准是求真；宗教家和伦理学家则负责统一人们的意志行为，其宗旨是向善；而艺术家的天职则是激发人们的情感，使人进入美的境界。宗先生指出，艺术家可以借助形象等艺术手段，引发人们的同情心，实现情感的共鸣。这种共鸣不局限于人类社会之内——由于艺术家在创作中的移情活动，使世间万物都带有了人类的情感，成为人类情感的对应物。因此这种情感的共鸣向自然、宇宙无限延伸出去，使人类在情感上可以通天地，与宇宙合而为一。

悲剧的与幽默的人生态度

　　人类社会的法律、习惯、礼教，使人们在和平秩序的保障之下，过一种平凡安逸的生活；使人们忘记了宇宙的神秘，生命的奇迹，心灵内部的诡幻与矛盾。

　　近代的自然科学更是帮助近代人走向这条平淡幻灭的路。科学欲将这矛盾创新的宇宙也化作有秩序、有法律、有礼教的大结构，像我们理想的人类社会一样，然后我们更觉安然！

　　然而人类史上向来就有一些不安分的诗人、艺术家、先知、哲学家等，偏要化腐朽为神奇、在平凡中惊异，在人生的喜剧里发现悲剧，在和谐的秩序里指出矛盾，或者以超脱的态度守着一种"幽默"。

　　但生活严肃的人，怀抱着理想，不愿自欺欺人，在人生里面体验到不可解救的矛盾，理想与事实的永久冲突。然而愈矛盾则体验愈深，生命的境界愈丰满浓郁，在生活悲壮的冲突里显露出人生与世界的"深度"。

　　所以悲剧式的人生与人类的悲剧文学使我们从平凡安逸的生活形式中重新识察到生活内部的深沉冲突，人生的真实内容是永远的奋斗，是为了超个人生命的价值而挣扎，毁灭了生命以殉这种超生命的价值，觉得是痛快，觉得是超脱解放。

大悲剧作家席勒（Schiller）说："生命不是人生最高的价值。"这是"悲剧"给我们最深的启示。悲剧中的主角是宁愿毁灭生命以求"真"，求"美"，求"权力"，求"神圣"，求"自由"，求人类的上升，求最高的善。在悲剧中，我们发现了超越生命的价值底真实性，因为人类曾愿牺牲生命，血肉，及幸福，以证明它们的真实存在。果然，在这种牺牲中人类自己的价值升高了，在这种悲剧的毁灭中人生显露出"意义"了。

肯定矛盾，殉于矛盾，以战胜矛盾，在虚空毁灭中寻求生命的意义，获得生命的价值，这是悲剧的人生态度！

另一种人生态度则是以广博的智慧照瞩宇宙间的复杂关系，以深挚的同情了解人生内部的矛盾冲突。在伟大处发现它的狭小，在渺小里却也看出它的深厚，在圆满里发现它的缺憾，但在缺憾里也找出它的意义。于是以一种拈花微笑的态度同情一切；以一种超越的笑，了解的笑，含泪的笑，惘然的笑，包容一切以超脱一切，使灰色黯淡的人生也罩上一层柔和的金光。觉得人生可爱。可爱处就在它的渺小处，矛盾处，就同我们欣赏小孩儿们的天真烂漫的自私，使人心花开放，不以为忤。

这是一种所谓幽默（Humour）的态度。真正的态度是平凡渺小里发掘价值。以高的角度测量那"煊赫伟大"的，则认识它不过如此。以深的角度窥探"平凡渺小"的，则发现它里面未尝没有宝藏。一种愉悦，满意，含笑，超脱，支配了幽默的心襟。

"幽默"不是谩骂，也不是讥讽。幽默是冷隽，然而在冷隽背后与里面有"热"。（林琴南译迭更司的《块肉余生》里富有真的幽默。）

悲剧和幽默都是"重新估定人生价值"的，一个是肯定超越平凡人生的价值，一个是在平凡人生里肯定深一层的价值，两者都是给人生以"深度"的。

莎士比亚以最客观的慧眼笼罩人类，同情一切，他是最伟大的悲剧家，然而他的作品里充满着何等丰富深沉的"黄金的幽默"。

以悲剧情绪透入人生

以幽默情绪超脱人生

是两种意义的人生态度。

（原刊《中国文学》创刊号，流露出版社 1934 年 1 月版。

收入《艺境》未刊本时，改题为《悲剧的与幽默的人生态度》。）

精彩一句：

悲剧和幽默都是"重新估定人生价值"的，一个是肯定超越平凡人生的价值，一个是在平凡人生里肯定深一层的价值，两者都是给人生以"深度"的。

文风品鉴：

人生最大的价值是什么？在今天这样的社会中，可能很多人并没有去做深入的思考，也可能有些人会毫不犹豫的回答：赚更多的钱，积累更多的财富。是呀，在现实生活中财富也确实能够带来太多的好处，拥有足够的金钱可以买到自己喜欢的东西，过上舒服的日子。可是，我们要追问的是，金钱真的是万能的吗？金钱能买到健康吗？能买到快乐吗？能买到幸福吗？能买到生命吗？答案是否定的。那么，人生最大的价值到底是什么？我们认为，是追求，是奋斗，是经受挑战，是有益于人类和社会，是让有限的生命溅射出无限的光芒。宗白华所谓的"悲剧的人生"与"幽默的人生"说得更富有哲理。宗氏云，悲剧式的人生与人类的悲剧文学，使我们从平凡安逸的生活形式中重新识察到生活内部的深层冲突，在悲剧中我们发现了超越生命的价值的真实性，因为人类曾愿牺牲生命、血肉、幸福，以证明它们的真实存在。幽默的人生态度则以广博的智慧照瞩宇宙间的复杂关系，以深挚的同情了解人生内部的矛盾冲突。两种态度都在肯定人生价值，悲剧的人生态度是肯定超越平凡人生的价值，而幽默的人生态度则是在平凡人生里肯定深一层的价值。以悲剧情绪透入人生，以幽默情绪超脱人生，可谓是两种富有意义的人生态度。

歌德之人生启示

人生是什么？人生的真相如何？人生的意义何在？人生的目的是何？这些人生最重大、最中心的问题，不只是古来一切大宗教家、哲学家所殚精竭虑以求解答的。世界上第一流的大诗人凝神冥想，探入灵魂的幽邃，或纵身大化中，于一朵花中窥见天国，一滴露水参悟生命，然后用他们生花之笔，幻现层层世界，幕幕人生，归根也不外乎启示这生命的真相与意义。宗教家对这些问题的方法与态度是预言的说教的，哲学家是解释的说明的，诗人文豪是表现的启示的。荷马的长歌启示了希腊艺术文明幻美的人生与理想。但丁的神曲启示了中古基督教文化心灵的生活与信仰。莎士比亚的剧本表现了文艺复兴时人们的生活矛盾与权力意志。至于近代的，建筑于这三种文明精神之上而同时开展一个新时代，所谓近代人生，则由伟大的歌德以他的人格，生活，作品表现出它的特殊意义与内在的问题。

歌德对人生的启示有几层意义，几种方面。就人类全体讲，他的人格与生活可谓极尽了人类的可能性。他同时是诗人，科学家，政治家，思想家，他也是近代泛神论信仰的一个伟大的代表。他表现了西方文明自强不息的精神，又同时具有东方乐天知命宁静致远的智慧。德国哲学家息默尔（Simmel）说："歌德的人生所以给我们以无穷兴奋与深沉的安慰的，就是他只是一个人，他只是极尽了人性，但却如此伟大，使我们对人类感到有希望，鼓动我们努力向前做一个人。"我们可以说歌德是世界一扇明窗，我们由他窥见了人生生命永恒幽邃奇丽广大的天空！

再狭小范围，就欧洲文化的观点说，歌德确是代表文艺复兴以后近代人的心灵生活及其内在的问题。近代人失去了希腊文化中人与宇宙的谐和，又失去了基督教对一超越上帝虔诚的信仰。人类精神上获得了解放，得着了自由；但也就同时失所依傍，彷徨摸索，苦闷，追求，欲在生活本身的努力中寻得人生的意义与价值。歌德是这时代精神伟大的代表，他的主著《浮士德》是这人生全部的反映与其问题的解决（现代哲学家斯宾格勒Spengler在他名著《西方文化之衰落》中，名近代文化为浮士德文化）。歌德与其替身浮士德一生生活的内容就是尽量体验这近代人生特殊的精神意义，了解其悲剧而努力以解决其问题，指出解救之道。所以有人称他的浮士德是近代人的《圣经》。

但歌德与但丁、莎士比亚不同的地方，就是他不单是由作品里启示我们人生真相，尤其在他自己的人格与生活中表现了人生广大精微的义谛。所以我们也就从两方面去接受歌德对于人类的贡献：（一）从他的人格与生活，了解人生之意义；（二）从他的文艺作品，欣赏人生真相之表现。

一、歌德人格与生活之意义

比学斯基（Bielschowsky）在《歌德传记·导论》中分析歌德人格的特性，描述他生活的丰富与矛盾，最为详尽（见拙译《歌德论》）。但这个矛盾丰富的人格终是一个谜。所谓谜，就是这些矛盾中似乎潜伏着一个道理，由这个道理我们可以解释这个谜，而这个道理也就是构成这个谜的原因。我们获着这个道理解释了这谜，也就可说是懂了那谜的意义。歌德生活之矛盾复杂最使人有无穷的兴趣去探索他人格与生活的意义，所以人们关于歌德生活的研究与描述异常丰富，超过世界任何文豪。近代德国哲学家努力于歌德人生意义的探索者尤多，如息默尔（Simmel）、黎卡特（Rickert）、龚多夫（Gundolf）、寇乃曼（Kuehnemann）、可尔夫（Korff）等等，尤以可尔夫的研究颇多新解。我们现在根据他们的发挥，略参个人的意见，叙述于后。

我们先再认清这歌德之谜的真面目：第一个印象就是歌德生活全体的无穷丰富；第二个印象是他一生生活中一种奇异的谐和；第三个印象是许多不可思议的矛盾。这三种相反的印象却是互相依赖，但也使我们表面看来，没有一个整个的歌德而呈现无数歌德的图画。首先有少年歌德与老年歌德之分。细看起来，可以说有一个莱布齐希大学学生的歌德，有一个少年维特的歌德，有一个魏玛朝廷的歌德，有一个意大利旅行中的歌德，与席勒交友时的歌德，艾克曼谈话中的哲人歌德。这就是说歌德的人生是永恒变迁的，他当时朋友都有此感，他与朋友爱人间的种种误会与负心皆由于此。人类的生活本都是变迁的，但歌德每一次生活上的变迁就启示一次人生生活上重大的意义，而留下了伟大的成绩，为人生永久的象征。这是什么原故？因歌德在他每一种生活的新倾向中，无论是文艺政治科学或恋爱，他都是以全副精神整个人格浸沉其中；每一种生活的过程里都是一个整个的歌德在内。维特时代的歌德完全是一个多情善感热爱自然的青年，著《伊菲格尼》（Iphigenie）的歌德完全是个清明儒雅，徘徊于罗马古墟中希腊的人。他从人性之南极走到北极，从极端主观主义的少年维持走到极端客观主义的伊菲格尼，似乎完全两个人。然而每个人都是新鲜活泼原版的人。所以他的生平给与我们一种永久青春永远矛盾的感觉。歌德的一生并非真是迷途错误走到真理，乃是继续地经历全人生各式的形态。他在《浮士德》中说："我要在内在的自我中深深领略，领略全人类所赋有的一切。最崇高的最深远的我都要了解。我要把全人类的苦乐堆积在我的胸心，我的小我，便扩大成为全人类的大我。我愿和全人类一样，最后归于消灭。"这样伟大勇敢的生命肯定，使他穿历人生的各阶段，而每阶段都成为人生深远的象征。他不只是经过少年诗人时期，中年政治家时期，老年思想家、科学家时期，就在文学上他也是从最初罗珂珂式的纤巧到少年维特的自然流露，再从意大利游后古典风格的写实到老年时浮士德第二部象征的描写。

他少年时反抗一切传统道德势力的缚束，他的口号"情感是一切！"老年时尊重社会的秩序与礼法，重视克制的道德，他的口号"事业是一切！"在对人接物方面，少年歌德是开诚坦率热情倾倒的诗人。在老年时则严肃令人难以亲近。在政治方面，少年的大作中"瞿支"（Goetz）临死时口中喊着"自由"。而老年歌德对法国大革命中的残暴深为厌恶，赞美拿破仑重给欧洲以秩序。在恋爱方面，因各时期之心灵需要，舍弃最知心、最有文化的十年女友石坦因夫人而娶一个无知识、无教育纯朴自然的扎花女子。歌德生活是努力不息，但又似乎毫无预计，听机缘与命运之驱使。所以有些人悼惜歌德荒废太多时间做许多不相干的事，像绘画，政治事务，研究科学，尤其是数十年不断的颜色学研究。但他知道这些"迷途""错道"是他完成伟大人性所必经的。人在"迷余中努力，终会寻着他的正道"。

歌德在生活中所经历的"迷途"与"正道"表现于一个最可令人注意的现象。这现象就是他生活中历次的"逃走"。他的逃走是他浸沉于一种生活方向将要失去了自己时，猛然的回头，突然的退却，再返于自己的中心。他从莱布齐希大学身心破产后逃回故乡，他历次逃开他的情人弗利德利克，绿蒂，丽莉等，他逃到魏玛，又逃脱魏玛政务的压迫走入意大利艺术之宫。他又从意大利逃回德国。他从文学逃入政治，从政治逃入科学。老年时且由西方文明逃往东方，借中国印度波斯的幻美热情以重振他的少年心。每一次逃走，他新生一次，他开辟了生活的新领域，他对人生有了新创造新启示。他重新发现了自己，而他在"迷途"中的经历已丰富了深化了自己。他说"各种生活皆可以过，只要不失去了自己。"歌德之所以敢于全心倾注于任何一种人生方面，尽量发挥，以致有伟大的成就，就是因为他自知不会完全失去了自己，他能在紧要关头逃走退回他自己的中心。这是歌德一生生活的最大的秘密。但在这个秘密背后伏有更深的意义。我们再进一步研究之。

歌德在近代文化史上的意义可以说，他带给与近代人生一个新的生命情绪。他在少年时他已自觉是个新的人生宗教的预言者。他早期文艺的题目大都是人类的大教主如普罗米修斯（Prometheus），苏格拉底，基督与摩哈歌德。

这新的人生情绪是什么呢？就是"生命本身价值的肯定"。基督教以为人类的灵魂必须赖救主的恩慧始能得救，获得意义与价值。近代启蒙运动的理知主义则以为人生须服从理性的规范，理智的指导，始能达到高明的合理的生活。

歌德少年时即反抗十八世纪一切人为的规范与法律。他的《瞿支》是反抗一切传统政治的缚束；他的维特是反抗一切社会人为的礼法，而热烈崇拜生命的自然流露。一言蔽之，一切真实的，新鲜的，如火如荼的生命，未受理知文明矫揉造作的原版生活，对于他是世界上最可宝贵的东西。而这种天真活泼的生命他发现于许多绚漫而朴质如花的女性。他作品中所描写的绿蒂，玛甘泪，玛丽亚等，他自身所迷恋的弗利德丽克，丽莉，绿蒂等，都灿烂如鲜花而天真活泼，朴素温柔，如枝头的翠鸟。而他少年作品中这种新鲜活跃的描写，将妩媚生命的本体熠烁在读者眼前，真是在他以前的德国文学所未尝梦见的，而为世界文学中的粒粒晶珠。

这种崇拜真实生命的态度也表现于他对自然的顶礼。他 1782 年的《自然赞歌》可为代表。译其大意如下：

> 自然，我们被他包围，被他环抱；无法从他走出，也无法向他深入。他未得请求，又未加警告，就携带我们加入他跳舞的圈子，带着我们动，直待我们疲倦极了，从他臂中落下。他永远创造新的形体，去者不复返，来者永远新，一切都是新创，但一切也仍旧是老的。他的中间是永恒的生命，演进，活动。但他自己并未曾移走。他变化无穷，没有一刻的停止。他没有留恋的意思，停留是他的诅咒，生命是他最美的发明，死亡是他的手段，以多得生命。

歌德这时的生命情绪完全是浸沉于理性精神之下层的永恒活跃的生命本体。

但说到这里，在我们的心影上会涌现出另一个歌德来。而这歌德的特征是谐和的形式，是创造形式的意志。歌德生活中一切矛盾之最后的矛盾，就是他对流动不居的生命与圆满谐和的形式有同样强烈的情感。他在哲学上固然受斯宾诺查泛神论的影响；但斯宾诺查所给与他的仍是偏于生活上道德上的受用，使他紊乱烦恼的心灵得以入于清明。以大宇宙中永恒谐和的秩序整理内心的秩序，化冲动的私欲为清明合理的意志。但歌德从自己的活跃生命所体验的，动的创造的宇宙人生，则与斯宾诺查倾向机械论与几何学的宇宙观迥然不同。所以歌德自己的生活与人格却是实现了德国大哲学家莱布尼兹（Leibniz）的宇宙论。宇宙是无数活跃的精神原子，每一个原子顺着内在的定律，向着前定的形式永恒不息的活动发展，以完成实现他内潜的可能性，而每一个精神原子是一个独立的小宇宙，在他里面像一面镜子反映着大宇宙生命的全体。歌德的生活与人格不是这样一个精神原子么？

生命与形式，流动与定律，向外的扩张与向内的收缩，这是人生的两极，这是一切生活的原理。歌德曾名之宇宙生命的一呼一吸。而歌德自己的生活实在象征了这个原则。他的一生，他的矛盾，他的种种逃走，都可以用这个原理来了解。当他纵身于宇宙生命的大海时，他的小我扩张而为大我，他自己就是自然，就是世界，与万物为一体。他或者是柔软地像少年维特，一花一草一树一石都与他的心灵合而为一，森林里的飞禽走兽都是他的同胞兄弟。他或者刚强地察觉着自己就是大自然创造生命之一体，他可以和地神唱道：

> 生潮中，业浪里，
> 淘上或淘下，
> 浮来又浮去！
> 生而死，死而葬，
> 一个承恒的大洋，
> 一个连续的波浪，
> 一个有光辉的生长，
> 我架起时辰的机杼，
> 替神性制造生动的衣裳。

——郭沫若译《浮士德》

但这生活片面的扩张奔放是不能维持的，一个个体的小生命更是会紧张极度而超于毁灭的。所以浮士德见地神现形那样的庞大，觉得自己好像侏儒一般，他的狂妄完全消失：

> 我，自以为超过了火焰天使，
> 已把自由的力量使自然甦生，

满以为创造的生活可以俨然如神！

啊，我现在是受了个怎样的处分！

一声霹雳把我推堕了万丈深坑。

……

哦，我们努力自身，如同我们的烦闷，

一样地阻碍着我们生长的前程。

——郭沫若译《浮士德》

生命片面的努力伸张反要使生命受阻碍，所以生命同时要求秩序，形式，定律，轨道。生命要谦虚，克制，收缩，遵循那支配万有主持一切的定律，然后才能完成。才能使生命有形式，而形式在生命之中。

依着永恒的，正直的

伟大的定律，

完成着

我们生命的圈。

——摘《神性》

一个有限的圈子

范围着我们的人生，

世世代代

排列在无尽的生命底链上。

——摘《人类之界限》

生命是要发扬，前进，但也要收缩，循轨。一部生命的历史就是生活形式的创造与破坏。生命在永恒的变化之中，形式也在永恒的变化之中。所以一切无常，一切无住，我们的心，我们的情，也息息生灭，逝同流水。向之所欣，俯仰之间，已成陈迹。这是人生真正的悲剧，这悲剧的源泉就是这追求不已的自心。人生在各方面都要求着永久；但我们的自心的变迁使没有一景一物可以得暂时的停留，人生飘堕在滚滚流转的生命海中，大力推移，欲罢不能，欲留不许。这是一个何等的重负，何等的悲哀烦恼。所以浮士德情愿拿他的灵魂底毁灭与魔鬼打赌，他只希望能有一个瞬间的真正的满足，俾他可以对那瞬间说："请你暂停，你是何等的美呀！"

由这话看来，一切无常的主因是在我们自心的无常，心的无休止的前进追求，不肯暂停留恋。人生的悲剧正是在我们恒变的心情中，歌德是人类的代表，他感到这人生的悲剧特别深刻，他的一生真是息息不停的追求前进，变向无穷。这心的变迁使他最感着苦痛负疚的就是他恋爱心情的变迁，他一生最热烈的恋爱都不能久住，他对每一个恋人都是负心，这种负心的忏悔自诉是他许多最大作品的动机与内容。剧本《瞿支》中，魏斯林根背弃玛利亚；剧本《浮士德》中，浮士德遗弃垂死的玛甘泪于狱中，是歌德最明显最沉痛的自诉。但他的生活情绪不停留的前进使他不能不负心，使他不能安于一范围，狭于一境界而不向前开辟生活的新领域。所以歌德无往而不负心，他弃掉法律投入文学，弃掉文学投入政治，又逃脱政治走入艺术科学，他若不负心，他不能尝遍全人生的各境地，完成一个最人性的人格。他说：

你想走向无尽么？

你要在有限里面往各方面走！

然而这个负心现象，这个生活矛盾，终是他生活里内在的悲剧与问题，使他不能不努力求解决的。这矛盾的调解，心灵负咎的解脱，是歌德一生生活之意义与努力。再总结一句，歌德的人生问题，就是如何从生活的无尽流动中获得谐和的形式，但又不要让僵固的形式阻碍生命前进的发展。这个一切生命现象中内在的矛盾，在歌德的生活里表现得最为深刻。他的一切大作品也就是这个经历的供状。我们现在再从歌德的文艺创作中去寻歌德的人生启示与这问题最后的解答。

二、歌德文艺作品中所表现的人生与人生问题

我们说过，歌德启示给我们的人生是扩张与收缩，流动与形式，变化与定律；是情感的奔放与秩序的严整，是纵身大化中与宇宙同流，但也是反抗一切的阻碍压迫以自成一个独立的人格形式。他能忘怀自己，倾心于自然，于事业，于恋爱；但他又能主张自己，贯彻自己，逃开一切的包围。歌德心中这两个方向表现于他生平一切的作品中。

他的剧本《瞿支》、《塔索》，他的小说《少年维特之烦恼》，是表现生命的奔放与倾注，破坏一切传统的秩序与形式。他的《伊菲格尼》与叙事诗《赫尔曼与多罗蒂》等，则内容外形都表现最高的谐和节制，以圆融高朗的优美的形式调解心灵的纠纷冲突。在抒情诗中他的《卜罗米陀斯》是主张人类由他自己的力量创造他的生活的领域，不需要神的援助，否认神的支配，是近代人生思想中最伟大的一首革命诗。但他在《人类之界限》、《神性》等诗中，则又承认宇宙间含有创造一切的定律与形式，人生当在永恒的定律与前定的形式中完成他自己；但人生不息的前进追求，所获得的形式终不能满足，生活的苦闷由此而生。这个与歌德生活中心相终始的问题则表现于他毕生的大作《浮士德》中。《浮士德》是歌德全部生活意义的反映，歌德生命中最深的问题于此表现，也于此解决。我们特别提出研究之。

浮士德是歌德人生情绪最纯粹的代表。《浮士德》戏剧最初本，所谓"原始浮士德"的基本意念是什么？在他下面的两句诗：

我有敢于入世的胆量，

下界的苦乐我要一概担当。

浮士德人格的中心是无尽的生活欲与无尽的知识欲。他欲呼召生命的本体，所以先用符咒呼召宇宙与行为的神。神出现后，被神呵斥其狂妄，他认识了个体生命在宇宙大生命面前的渺小。于是乃欲投身生命的海洋中体验人生的一切。他肯定这生命的本身，不管他是苦是乐，超越一切利害的计较，是有生活的价

值的，是应当在他的中间努力寻得意义的。这是歌德的悲壮的人生观，也是他《浮士德》诗中的中心思想。浮上德因知识追求的无结果，投身于现实生活，而生活的顶点，表现于恋爱，但这恋爱生活成了悲剧。生活的前进不停，使恋爱离弃了浮士德，而浮士德离弃了玛甘泪，生活成了罪恶与苦痛。《浮士德》的剧本从原始本经过1790年的残篇以至第一部完成，他的内容是肯定人生为最高的价值，最高的欲望，但同时也是最大的问题。初期的《浮士德》剧本之结局，窥歌德之意是倾向纯悲剧的。人生是将由他内在的矛盾，即欲望的无尽与能力的有限，自趋于毁灭，浮士德也将由生活的罪过趋于灭亡，生活并不是理想而为诅咒。但歌德自己生活的发展使问题大变，他在意大利获得了生命的新途径，而剧本中的浮上德也将得救。在1797年的《浮士德》中的天上序曲里，魔鬼靡非斯陀诅咒人生真如歌德自己原始的意思，但现在则上帝反对靡非斯陀的话，他指出那生活中问题最多最严重的浮士德将终于得救。这个歌德人生思想的大变化最值得注意，是我们了解浮士德与歌德自己的生活最重要的钥匙。

我们知道"原始浮士德"的生活悲剧，他的苦痛，他的罪过，就是他自己心的恒变，使他对一切不能满足，对一切都负心。人生是个不能息肩的重负，是个不能驻足的前奔。这个可诅咒的人生在歌德生活的进展中忽然得着价值的重新估定。人生最可诅咒的永恒流变一跃而为人生最高贵的意义与价值。人生之得以解救，浮士德之得以升天，正赖这永恒的努力与追求。浮士德将死前说出他生活的意义是永远的前进：

> 在前进中他获得苦痛与幸福，
> 他这没有一瞬间能满足的。

而拥着他升天的天使们也唱道：

> 惟有不断的努力者
> 我们可以解脱之！

原本是人生的诅咒，那不停息的追求，现在却变成了人生最高贵的印记。

人生的矛盾苦痛罪过在其中，人生之得救也由于此。

我们看浮士德和魔鬼靡非斯陀订契约的时候，他是何等骄傲于他的苦闷与他的不满足。他说他愿毁灭自己，假使人生能使他有一瞬间的满足而愿意暂停留恋。靡非斯陀起初拿浅薄的人世享乐来诱惑他，徒然使他冷笑。

以前他愿意毁灭，因为人生无价值；现在他宁愿毁灭，假使人生能有价值。这是很大的一个差别，前者是消极的悲观，后者是积极的悲壮主义。前者是在心理方面认识，一切美境之必然消逝；后者是在伦理方面肯定，这不停息的追求是人生之意义与价值。将心理的必然变迁改造成意义丰富的人生进化，将每一段的变化经历包含于后一段的演进里，生活愈益富深厚，愈益广大高超，像歌德从科学艺术政治文学以及各种人生经历以完成他最后博大的人格。歌德的象征浮士德也是如此，他经过知识追求的幻灭走进恋爱的罪过，又从真美的憧憬走回实际的事业。每一次的经历并不是消磨于无形，乃是人格演进完成必要的阶石：

> 你想走向无尽么？
> 你要在有限里面往各方面走！

有限里就含着无尽，每一段生活里潜伏着生命的整个与永久。每一刹那都须消逝，每一刹那即是无尽，即是永久。我们懂了这个意思，我们任何一种生活都可以过，因为我们可以由自己给与它深沉永久的意义。《浮士德》全书最后的智慧即是：

> 一切生灭者
> 皆是一象征。

在这些如梦如幻流变无常的象征背后潜伏着生命与宇宙永久深沉的意义。

现在我们更可以了解人生中的形式问题。形式是生活在流动进展中每一阶段的综合组织，他包含过去的一切，成一音乐的和谐。生活愈丰富，形式也愈生要。形式不但不阻碍生活，限制生活，乃是组织生活，集合生活的力量。老年的歌德因他生活内容过分的丰富，所以格外要求形式，定律，克制，宁静，以免生活的分崩而求谐和的保持。这谐和的人格是中年以后的歌德所兢兢努力惟恐或失的。他的诗句：

> 人类孩儿最高的幸福
> 就是他的人格！

流动的生活演进而为人格，还有一层意义，就是人生的清明与自觉的进展。人在世界经历中认识了世界，也认识了自己，世界与人生渐趋于最高的和谐；世界给与人生以丰富的内容，人生给与世界以深沉的意义。这不是人生同题可能的最高的解决么？这不是文艺复兴以来，人类失了上帝，失了宇宙，从自己的生活的努力所能寻到的人生意义？

浮士德最初欲在书本中求智慧，终于在人生的航行中获得清明。他人生问题的解决我们可以说：

> 人当完成人格的形式而不失去生命的流动！生命是无尽的，形式
> 也是无尽的，我们当从更丰富的生命去实现更高一层的生活形式。

这样的生活不是人生所能达到的最高的境地么？我们还能说人生无意义无目的么？歌德说：

> 人生，无论怎样，他是好的！

歌德的人生启示固然以《浮士德》为中心，但他的其他创作都是这种生活之无限肯定的表现。尤其是他的抒情诗，完全证实了我们前面所说的歌德生活的特点：

他一切诗歌的源泉，就是他那鲜艳活泼，如火如荼的生命本体。而他诗歌的效用与目的却是他那流动追求的生命中所产生的矛盾苦痛之解脱。他的诗，一方面是他生命的表白，自然的流露，灵魂的呼喊，苦闷的象征。他像鸟儿在

叫，泉水在流。他说："不是我做诗，是诗在我心中歌唱。"所以他诗句的节律里跳动着他自己的脉搏，活跃如波澜。他在生活憧憬中陷入苦闷纠缠，不能自拔时，他要求上帝给他一支歌，唱出他心灵的沉痛，在歌唱时他心里的冲突的情调，矛盾的意欲，都醇化而升入节奏，形式，组合成音乐的谐和。混乱浑沌的太空化为秩序井然的宇宙，迷途苦恼的人生获得清明的自觉。因为诗能将他纷扰的生活与刺激他生活的世界，描绘成一幅境界清朗，意义深沉的图画（《浮士德》就是这样一幅人生图画）。这图画纠正了他生活的错误，解脱了他心灵的迷茫，他重新得到宁静与清明。但若没有热烈的人生，何取乎这高明的形式。所以我们还是从动的方面去了解他诗的特色。歌德以外的诗人的写诗，大概是这样：一个景物，一个境界，一种人事的经历。触动了诗人的心。诗人用文字，音调，节奏，形式，写出这景物在心情里所引起的澜漪。他们很能描绘出历历如画的境界，也能表现极其强烈动人的情感。但他们一面写景，一面叙情，往往情景成了对待。且依人类心理的倾向，喜欢写景如画，这就是将意境景物描摹得线清条楚，轮廓宛然，恍如目睹的对象。人类之诉说内心，也喜欢缕缕细述，说出心情的动机原委。虽莎士比亚、但丁的抒情诗，尽管他们描绘的能力与情感的白热，有时超过歌德，但他们仍未能完全脱离这种态度。歌德在人类抒情诗上的特点，就是根本打破心与境的对待，取消歌咏者与被歌咏者中间的隔离。他不去描绘一个景，而景物历落飘摇，浮沉隐显在他的词句中间。他不愿直说他的情意；而他的情意缠绵，宛转流露于音韵节奏的起落里面。他激昂时，文字境界节律音调无不激越兴起；他低徊留恋时，他的歌辞如泣如诉，如怨如慕，令人一往情深，不能自已，忘怀于诗人与读者之分。王国维先生说诗有隔与不隔的差别，歌德的抒情诗真可谓最为不隔的。他的诗中的情绪与景物完全融合无间，他的情与景又同词句音节完全融合无间，所以他的诗也可同我们读者的心情完全融合无间，极尽浑然不隔的能事。然而这个心灵与世界浑然合一的情绪是流动的，飘渺的，绚缦的，音乐的；因世界是动，人心也是动，诗是这动与动接触会合时的交响曲。所以歌德诗人的任务首先是努力改造社会传统的，用旧了的文字词句，以求能表现出这新的动的人生与世界。原来我们人类的名词概念文字，是我们把捉这流动世界万事万象的心之构造物；但流动不居者难以捉摸，我们人类的思想语言天然的倾向于静止的形态与轮廓的描绘，历时愈久，文字愈抽象，并这描绘轮廓的能力也将失去，遑论做心与景合一的直接表现。歌德是文艺复兴以来近代的流动追求的人生最伟大的代表（所谓浮士德精神）。他的生命，他的世界是激越的动，所以他格外感到传统文字不足以写这纯动的世界。于是他这位世界最伟大的语言创造的天才，在德国文字中创造了不可计数的新字眼，新句法，以写出他这新的动的人生情绪。［歌德他不仅是德国文学上最大诗人，而且是马丁·路德以后创新德国文字最重大的人物。现代继起努力创新与美化德国文字的大诗人是斯蒂芬·盖阿格（Stefan George）]。他变化无数的名词为动词，又化此动词为形容词，以形容这流动不居的世界。例如"塔堆的巨人"（形容大树），"塔层的远"，"影阴着的湾"，"成熟中的果"等等，不胜枚举，且不能译。他又熔情入景，化景为情，融合不同的感官铸成新字以写难状之景，难摹之情。因为他是以一整个的心灵体验这整个的世界（新字如"领袖的步""云路""星艰""梦的幸福""花梦"等等也是不能有确切的中译，虽然诗意发达极高的中国文词颇富于这类字眼）。所以他的每一首小诗都荡漾在一种浩瀚流动的气氛中，像宋元画中的山水。不过西方的心灵更倾向于活动而已。我们举他一首《湖上》诗为例。歌德的诗是不能译的，但又不能不勉强译出，力求忠于原诗，供未能读原文者参考。

湖上

并且新鲜的粮食，新鲜的血
我吸取自自由的世界：
自然何等温柔，何等的好，
将我拥在怀抱。
波澜摇荡着小船
在击桨声中上前，
山峰，高插云霄，
迎着我们的水道。

眼睛，我的眼睛，你为何沉下了？
金黄色的梦，你又来了？

去罢，你这梦，虽然是黄金，

此地也有生命与爱情。

在波上辉映着

千万飘浮的星，

柔软的雾吸饮着

四围塔层的远。

晓风翼覆了

影阴着的湾，

湖中影映着

成熟中的果。

　　开头一句"并且新鲜的粮食，新鲜的血，我吸取自自由的世界。……"就突然地拖着我们走进一个碧草绿烟柔波如语的瑞士湖上。开头一字用"并且"（德文 Und 即英文 And）将我们读者一下子就放在一个整个的自然与人生的全景中间。"自然何等温柔，何等的好，将我拥在怀抱。"写大自然生命的柔静而自由，反观人在社会生活中受种种人事的缚束与苦闷，歌德自己在丽莉小姐家庭中礼仪的拘束与恋爱的包围。但"自然"是人类原来的故乡，我们离开了自然，关闭在城市文明中烦闷的人生，常常怀着"乡愁"，想逃回自然慈母的怀抱，恢复心灵的自由。"波澜摇荡着小船，在击桨声中上前……"两句进一步写我们的状况。动荡的湖光中动荡的波澜，摇动着我们的小船，使我们身内身外的一切都成动象，而击桨的声音给与这流动以谐和的节奏。"上前"遥指那"山峰，高插云宵，迎着我们的水道……"自然景物的柔媚，勾引心头温馨旖旎的回忆。眼睛低低沉下，金黄色的情梦又浮在眼帘。但过去的情景，转眼成空，不堪回首，且享受新获着的自由罢！自然的丽景展布在我们的面前："在波上辉映着千万飘浮的星……"短短的几句写尽了归舟近岸时的烟树风光。全篇荡漾着波澜的闪耀，烟景的飘渺，心情的旖旎，自然与人生谐和的节奏。但歌德的生活仍是以动为主体，个体生命的动热烈地要求着与自然造物主的动相接触，相融合。这种向上追求的激动及与宇宙创造力相拥抱的情绪表现在《格丽曼》

（Ganymed）一诗中（希腊神话中，格丽曼为一绝美的少年王子。天父爱惜之，遣神鹰攫去天空，送至阿林比亚神人之居）。

格丽曼

你在晓光灿烂中，
怎么这样向我闪炼，
亲爱的春天！
你永恒的温暖中，
神圣的情绪，
以一千倍的热爱
压向我的心，
你这无尽的美！

我想用我的臂，
拥抱着你！
啊，我睡在你的胸脯，
我焦渴欲燃，
你的花，你的草，
压在我的心前。
亲爱的晓风，
吹凉我胸中的热，
夜莺从雾谷里，
向我呼唤！
我来了，我来了，
到那里？到那里？

向上，向上去，
云彩飘流下来，
飘流下来，

俯向我热烈相思的爱!

向我，向我，
我在你的怀中上升!
拥抱着被拥抱着!
升上你的胸脯!
爱护一切的天父!

　　这首诗充分表现了歌德热情主义唯动主义的泛神思想。但因动感的激越，放弃了谐和的形式而流露为生命表现的自由诗句，为近代自由诗句的先驱。然而这狂热活动的人生，虽然灿烂，虽然壮阔，但激动久了，则和平宁静的要求油然而生。这个在生活中倥偬不停的"游行者"也曾急迫地渴求着休息与和平。

游行者之夜歌（二首）
一
你这从天上来的
宁息一切烦恼与苦痛的；
给与这双倍的受难者
以双倍的新鲜的
啊，我已倦于人事之倥偬!
一切的苦乐皆何为?
甜蜜的和平!
来，啊，来到我的胸里!

二
一切山峰上
是寂静，
一切树杪中
感不到

些微的风；

森林中众鸟无音。

等着罢，你不久

也将得着安宁。

　　歌德是个诗人，他的诗是给与他自己心灵的烦扰以和平以宁静的。但他这位近代人生与宇宙动象的代表，虽在极端的静中仍潜示着何等的鸢飞鱼跃！大自然的山川在屹然峙立里周流着不舍昼夜的消息。

海上的寂静

深沉的寂静停在水上。

大海微波不兴。

船夫瞅着眼，

憨视着四面的平镜。

空气里没有微风！

可怕的死的寂静！

在无边寥廓里，

不摇一个波影。

　　这是歌德所写意境最静寂的一首诗。但在这天空海阔晴波无际的境界里绝不真是死，不是真寂灭。他是大自然创造生命里"一刹那倾静的假象。"一切宇宙万象里有秩序，有轨道，所以也启示着我们静的假象。

　　歌德生平最好的诗，都含蕴着这大宇宙潜在的音乐。宇宙的气息，宇宙的神韵，往往包含在他一首小小的诗里。但他也有几首人生的悲歌，如《威廉传》中《弦琴师》与《迷娘》（Mignon）的歌曲，也深深启示着人生的沉痛，永久相思的哀感：

弦琴师（歌曲）

谁居寂寞中？

嗟彼将孤独。

生人皆欢笑，

留彼独自苦。

嗟乎，请君让我独自苦！

我果能孤独，

我将非无侣。

情人偷来听，

所欢是否孤无侣？

日夜偷来寻我者，

只是我之忧，

只是我之苦。

一旦我在坟墓中，

彼始让我真无侣！

迷娘（歌曲）

谁人识相思？

乃解侬心苦，

寂寞而无欢，

望彼天一方，

爱我知我人。

呜呼在远方，

我头昏欲眩，

五脏焦欲燃，

谁解相思苦，

乃识侬心煎。

歌德的诗真如长虹在天，表现了人生沉痛而美丽的永久生命，他们也要求着永久的生存：

你知道，诗人的词句

飘摇在天堂的门前，

轻轻的叩着

请求永久的生存。

而歌德自己一生的猛勇精进，周历人生的全景，实现人生最高的形式，也自知他"生活的遗迹不致消磨于无形"。而他永恒前进的灵魂将走进天堂最高的境域，他想象他死后将对天门的守者说：

请你不必多言，

尽管让我进去！

因为我做了一个人，

这就说曾是一个战士！

（原刊《大公报·文学副刊》1932 年 3 月 21 日、

3 月 28 日、4 月 4 日第 220–222 期。）

精彩一句：

歌德启示给我们的人生是扩张与收缩，流动与形式，变化与定律；是情感的奔放与秩序的严整，是纵身大化中与宇宙同流，但也是反抗一切的阻碍压迫以自成一个独立的人格形式。

广新品鉴：

歌德的人生、人格，山高水长，令人仰止。宗先生深受歌德影响，既慨然奋进，又不莽然唐突，其人生始终在动与静中保持着平衡。这个世界简单来讲，存在诸多二元对立的因素，譬如黑与白、冷与热、动与静，二者在相互博弈或者转化中构成一个丰富多彩的世界。对于人生来说，如果缺乏思考，乱行盲动，

虽然热情似火,恐怕最终也要在火中焚灭。反之,如果红尘看破,未老先衰,
处处消极,静笃为上,没有了创新进取的意志,人生难免丧失意义,沦为悲剧。
歌德能将自己的人生融于天地大化之中,处处彰显理性与感性交织的美的光华,
为世人树立了人生的楷模。宗先生酷爱歌德,毕生追求真善美,也成就了惬意、
有为的人生。

我所爱于莎士比亚的

　　我所爱于莎士比亚的，是爱他那高额广颡下面那双大的晶莹的太阳一般的眼睛，静穆地照彻这世界的人心，像上帝看见这世界的白昼，也看见这世界的黑夜。他看见人心里面地狱一般的黑暗，残忍，凶狠，愤怒，妒嫉，利欲，权欲，种种狂风似的疯狂的兽性。但他也看见火宅里的莲花，污泥里的百合，天使一般可爱的"人性的神性"。他这太阳似的眼睛照见成千成百的个性的轮廓阴影，每一个个性雕塑圆满，圆满得像一个世界。他创造了无数的性格，每一个性格像一朵花，自己从地下生长出来，顺着性格所造的必然的命运，走进罪恶，走进苦恼，走进死亡。他冷静得像一个上帝！

　　但是他那双晶莹的眼睛却又温煦得像月光一般，同情的抚摩按在每一个罪犯的苦痛的心灵上，让每一个地狱的冤魂都蒙到上帝的光辉（这就是诗人的伟大的心的光辉），使我们发生悲悯，发生同情。

　　莎士比亚的诗人天才是无可比拟的。歌德说过："我不能回忆曾有一本书，一个人或一桩生活事件对于我发生这样大的影响，像莎士比亚的戏剧。它们好像是一位天上神使的工作，他来亲近人类，俾人类在最轻便的道路上认识他，那些剧本不是诗。我们是好像站立在展开了无穷尽的命运底大书面前，迅动的生命暴风使着大力翻动一页一页。"歌德又说："自然与诗在近代从没有这样密切地结合过，像在莎士比亚。"

莎士比亚的伟大在他那无可企信的丰富的创造力，以风起泉涌般的自然的力量，他创造了半千数的不同的生动的性格，有血有肉，形态万千。每一个人物永远年轻，永远生存在诗人的美丽风光中，然而又那么土腥气，那么真实，那么是从自然拾来的人！英国诗人辜律支 Coleridge 称莎氏为"千心的人"，真是一句确评。

莎士比亚的客观同他的深厚的同情心，往往使许多在他笔下不可救药的凶顽、自私、愚蠢的人，会在剧情的进展里获得作者的爱护，化成可恕的甚且可爱的人物。在他的剧本 Measure fon Measure 里面那个杀人犯 Bernardin 本是预定将他的头代替 Clandio 的，不料诗人笔下给与这凶犯若干的个性，竟不忍叫他死，虽然有伤于剧情的本身。再看那位 Folstaff，是怎样的一个人？真是一个怯懦的寄生虫似的动物，然而莎士比亚把他造成一个最大的"幽默"天才，莎氏剧中顶有趣的人物。就看那《威尼斯商人》中的夏洛克，一个凶狠无人性的犹太人，却正因他的恨，他的顽强的报复心理，使人感到他的人性，给与他出乎意外的同情，使他变成剧中有趣的人格。只有亚高是个彻头彻尾的恶人。

莎士比亚表现人物的道德观点是和文艺复兴的时代精神一致。这就是尊重个人人格的解放与自主。整个中古时代的人生意义和价值是寄托在天国，他们的苦痛和安慰都系于上帝的恩惠。就是希腊悲剧，形式那样地完成，然而缺少悲剧底中心动力：这悲剧主角的自由意志。希腊悲剧的真正主角是神旨，是命运。人物个性自主的力量极微薄。性格往往为行动所主持，而在两者之上是命运（神旨）早已安排了全剧的首尾。

而莎氏剧中的主要情节是从人物性格与行动中自然地发展来的。所以那样真挚，亲切，自然。从这真切的自然中生出风韵，生出诗。诗人的智慧和广大的同情里流出泉水般的"黄金的幽默"，像朵朵细花洒遍在沉痛动人的生命悲剧上。

（原刊《时事新报·学灯》1938 年 7 月 3 日。）

精彩一句：

他这太阳似的眼睛照见成千成百的个性的轮廓阴影，每一个个性雕塑圆满，圆满得像一个世界。

广新品鉴：

莎士比亚这样的文化巨人属于全人类。据说，丘吉尔曾说过，宁可失去50个印度，也不愿失去一位莎士比亚。宗先生在本文中毫不掩饰地赞美莎翁的卓越与伟大，并直抒崇拜之情，将其称为"一个上帝"。宗先生表达自己对莎翁的敬与爱，实质上是表达对于生命、对于这个近乎"完满"的世界的热恋。在宗先生看来，尽管有黑暗、丑恶、痛苦，但是这个世界美丽的另一面却足以让人知足常乐。文章不厌其烦地描写黑暗，只是为了衬托艺术的光明耀眼。他对莎翁、对莎翁笔下的人物的热爱无以复加。他写道，莎翁成功地塑造了千百个辉煌的艺术人物雕像，每个雕像"圆满得像一个世界"。其实，正如宗先生多次谈到的，物质世界本身并无美丑可言，是艺术为天地立心，将这个冷冰冰的康德的"物自体"变得温情脉脉，以至于"生命悲剧"都有"朵朵细花洒遍"。

看了罗丹雕刻以后

"……艺术是精神和物质的奋斗……艺术是精神的生命贯注到物质界中，使无生命的表现生命，无精神的表现精神。……艺术是自然的重现，是提高的自然。……"抱了这几种对于艺术的直觉见解走到欧洲，经过巴黎，徘徊于罗浮艺术之宫，摩挲于罗丹雕刻之院，然后我的思想大变了。否，不是变了，是深沉了。

我们知道我们一生生命的迷途中，往往会忽然遇着一刹那的电光，破开云雾，照瞩前途黑暗的道路。一照之后，我们才确定了方向，直往前趋，不复迟疑。纵使本来已经是走着了这条道路，但是今后才确有把握，更增了一番信仰。

我这次看见了罗丹的雕刻，就是看到了这一种光明。我自己自幼的人生观和自然观是相信创造的活力是我们生命的根源，也是自然的内在的真实。你看那自然何等调和，何等完满，何等神秘不可思议！你看那自然中何处不是生命，何处不是活动，何处不是优美光明！这大自然的全体不就是一个理性的数学、情绪的音乐、意志的波澜么？一言蔽之，我感得这宇宙的图画是个大优美精神的表现。但是年事长了，经验多了，同这个实际世界冲突久了，晓得这空间中有一种冷静的、无情的、对抗的物质，为我们自我表现、意志活动的阻碍，是不可动摇的事实。又晓得这人事中有许多悲惨的、冷酷的、愁闷的、龌龊的现状，也是不可动摇的事实。这个世界不是已经美满的世界，乃是向着美满方面战斗进化的世界。你试看那棵绿叶的小树。他从黑暗冷湿的土地里向着日光，向着空气，作无止境的战斗。终竟枝叶扶疏，摇荡于青天白云中，表现着不可言说的美。一切有机生命皆凭借物质扶摇而入于精神的美。大自然中有一种不可思议的活力，推动无生界以入于有机界，从有机界以至于最高的生命、理性、情绪、感觉。这个活力是一切生命的源泉，也是一切"美"的源泉。

自然无往而不美。何以故？以其处处表现这种不可思议的活力故。照相片无往而美。何以故？以其只摄取了自然的表面，而不能表现自然底面的精神故。（除非照相者以艺术的手段处理它。）艺术家的图画、雕刻却又无往而不美，何以故？以其能从艺术家自心的精神，以表现自然的精神，使艺术的创作，如自然的创作故。

什么叫做美？——"自然"是美的，这是事实。诸君若不相信，只要走出诸君的书室，仰看那槍头金黄色的秋叶在光波中颤动；或是来到池边柳树下俯看那白云青天在水波中荡漾，包管你有一种说不出的快感。这种感觉就叫做"美"。我前几天在此地斯蒂丹博物院里徘徊了一天，看了许多荷兰画家的名画，以为最美的当莫过于大艺术家的图画、雕刻了，哪晓得今天早晨起来走到附近绿堡森林中去看日出，忽然觉得自然的美终不是一切艺术所能完全达到的。你看空中的光、色，那花草的颤动，云水的波澜，有什么艺术家能够完全表现得出？所以自然始终是一切美的源泉，是一切艺术的范本。艺术最后的目的，不外乎将这种瞬息变化，起灭无常的"自然美的印象"，借着图画、雕刻的作用，扣留下来，使它普遍化、永久化。什么叫做普遍化、永久化？这就是说一幅自然美的好景往往在深山丛林中，不是人人能享受的；并且瞬息变动、起灭无常，不是人时时能享受的（……"夕阳无限好，只是近黄昏"……）。艺术的功用就是将他描摹下来，使人人可以普遍地、时时地享受。艺术的目的就在于此，而美的真泉仍在自然。

那么，一定有人要说我是艺术派中的什么"自然主义"、"印象主义"了。这一层我还有申说。普通所谓自然主义是刻划自然的表面，入于细微。那末能够细密而真切地摄取自然印象莫过于照相片了。然而我们人人知道照片没有图画的美，照片没有艺术的价值。这是什么缘故呢？照片不是自然最真实的摄影么？若是艺术以纯粹描写自然为标准，总要让照片一筹，而照片又确是没有图画的美。难道艺术的目的不是在表现自然的真象么？这个问题很可令人注意。我们再分析一下。

（一）向来的大艺术家如荷兰的伦勃朗、德国的丢勒、法国的罗丹都是承认自然是艺术的标准模范，艺术的目的是表现最真实的自然。他们的艺术创作依了这个理想都成了第一流的艺术品。

（二）照片所摄的自然之影比以上诸公的艺术杰作更加真切、更加细密，但是确没有"美"的价值，更不能与以上诸公的艺术品媲美。

（三）从这两条矛盾的前题得来结论如下：若不是诸大艺术家的艺术观念——以表现自然真相为艺术的最后目的——有根本错误之处，就是照片所摄取的并不是真实自然。而艺术家所表现的自然，方是真实的自然！

果然！诸大艺术家的艺术观念并不错误。照片所摄非自然之真。惟有艺术才能真实表现自然。

诸君听了此话，一定有点惊诧，怎么照片还不及图画的真实呢？

罗丹说："果然！照片说谎，而艺术真实。"这话含意深厚，非解释不可。请听我慢慢说来。

我们知道"自然"是无时无处不在"动"中的。物即是动，动即是物，不能分离。这种"动象"，积微成著，瞬息变化，不可捉摸。能捉摸者，已非是动；非是动者，即非自然。照相片于物象转变之中，摄取一角，强动象以为静象，已非物之真相了。况且动者是生命之表示，精神的作用；描写动者，即是表现生命，描写精神。自然万象无不在"活动"中，即是无不在"精神"中，无不在"生命"中。艺术家要想借图画、雕刻等以表现自然之真，当然要能表现动象，才能表现精神、表现生命。这种"动象的表现"，是艺术最后目的，也就是艺术与照片根本不同之处了。

艺术能表现"动"，照片不能表现"动"。"动"是自然的"真相"，所以罗丹说："照片说谎，而艺术真实。"

但是艺术是否能表现"动"呢？艺术怎样能表现"动"呢？关于第一个问

题要我们的直接经验来解决。我们拿一张照片和一张名画来比看。我们就觉得照片中风景虽逼真,但是木板板地没有生动之气,不同我们当时所直接看见的自然真境有生命,有活动;我们再看那张名画中景致,虽不能将自然中光气云色完全表现出来,但我们已经感觉它里面山水、人物栩栩如生,仿佛如入真境了。我们再拿一张照片摄的《行步的人》和罗丹雕刻的《行步的人》一比较,就觉得照片中人提起了一只脚,而凝住不动,好像麻木了一样;而罗丹的石刻确是在那里走动,仿佛要姗姗而去了。这种"动象的表现"要诸君亲来罗丹博物院里参观一下,就相信艺术能表现"动",而照片不能。

那么艺术又怎样会能表现出"动象"呢?这个问题是艺术家的大秘密。我非艺术家,本无从回答;并且各个艺术家的秘密不同。我现在且把罗丹自己的话介绍出来:

罗丹说:"你们问我的雕刻怎样会能表现这种'动'象?其实这个秘密很简单。我们要先确定'动'是从一个现状转变到第二个现状。画家与雕刻家之表现'动象'就在能表现出这个现状中间的过程。他要能在雕刻或图画中表示出那第一个现状,于不知不觉中转化入第二现状,使我们观者能在这作品中,同时看见第一现状过去的痕迹和第二现状初生的影子,然后'动象'就俨然在我们的眼前了。"

这是罗丹创造动象的秘密。罗丹认定"动"是宇宙的真相,惟有"动象"可以表示生命,表示精神,表示那自然背后所深藏的不可思议的东西。这是罗丹的世界观,这是罗丹的艺术观。

罗丹自己深入于自然的中心,直感着自然的生命呼吸、理想情绪,晓得自然中的万种形象,千变百化,无不是一个深沉浓挚的大精神——宇宙活力——所表现。这个自然的活力凭借着物质,表现出花,表现出光,表现出云树山水,以至于鸢飞鱼跃、美人英雄。所谓自然的内容,就是一种生命精神的物质表现而已。

艺术家要模仿自然,并不是真去刻划那自然的表面形式,乃是直接去体会自然的精神,感觉那自然凭借物质以表现万相的过程,然后以自己的精神、理想情绪、感觉意志,贯注到物质里面制作万形,使物质而精神化。

"自然"本是个大艺术家,艺术也是个"小自然"。艺术创造的过程,是物质的精神化；自然创造的过程，是精神的物质化；首尾不同，而其结局同为一极真、极美、极善的灵魂和肉体的协调，心物一致的艺术品。

罗丹深明此理，他的雕刻是从形象里面发展，表现出精神生命，不讲求外表形式的光滑美满。但他的雕刻中确没有一条曲线、一块平面而不有所表示生意跃动，神致活泼，如同自然之真。罗丹真可谓能使物质而精神化了。

罗丹的雕刻最喜欢表现人类的各种情感动作，因为情感动作是人性最真切的表示。罗丹和古希腊雕刻的区别也就在此。希腊雕刻注重形式的美，讲求表面的美，讲求表面的完满工整，这是理性的表现。罗丹的雕刻注重内容的表示，讲求精神的活泼跃动。所以希腊的雕刻可称为"自然的几何学"，罗丹的雕刻可称为"自然的心理学"。

自然无往而不美。普通人所谓丑的如老妪病骸，在艺术家眼中无不是美，因为也是自然的一种表现。果然！这种奇丑怪状只要一从艺术家手腕下经过，立刻就变成了极可爱的美术品了。艺术家是无往而非"美"的创造者，只要他能真把自然表现了。

所以罗丹的雕刻无所选择，有奇丑的媸母，有愁惨的人生，有笑、有哭，有至高纯洁的理想，有人类根性中的兽欲。他眼中所看的无不是美，他雕刻出了，果然是美。

他说："艺术家只要写出他所看见的就是了，不必多求。"这话含有至理。我们要晓得艺术家眼光中所看见的世界和普通人的不同。他的眼光要深刻些，要精密些。他看见的不止是自然人生的表面，乃是自然人生的核心。他感觉自然和人生的现象是含有意义的，是有表示的。你看一个人的面目，他的表示何其多。他表示了年龄、经验、嗜好、品行、性质，以及当时的情感思想。一言蔽之，一个人的面目中，藏蕴着一个人过去的生命史和一个时代文化的潮流。这种人生界和自然界精神方面的表现，非艺术家深刻的眼光，不能看得十分真切。但艺术家不单是能看出人类和动物界处处有精神的表示。他看了一枝花、一块石、一湾泉水，都是在那里表现一段诗魂。能将这种灵肉一致的自然现象和人生现象描写出来，自然是生意跃动，神采奕奕，仿佛如"自然"之真了。

罗丹眼光精明，他看见这宇宙虽然物品繁富，仪态万千，但综而观之，是一幅意志的图画。他看见这人生虽然波澜起伏、曲折多端，但合而观之，是一曲情绪的音乐。情绪意志是自然之真，表现而为动。所以动者是精神的美。静者是物质的美。世上没有完全静的物质，所以罗丹写动而不写静。

罗丹的雕刻不单是表现人类普遍精神（如喜、怒、哀、乐、爱、恶、欲），他同时注意时代精神。他晓得一个伟大的时代必须有伟大的艺术品，将时代精神表现出来遗传后世。他于是搜寻现代的时代精神究竟在哪里。他在这十九、二十世纪潮流复杂思想矛盾的时代中，搜寻出几种基本精神：（1）劳动。十九、二十世纪是劳动神圣时代。劳动是一切问题的中心。于是罗丹创造《劳动塔》（未成）。（2）精神劳动。十九、二十世纪科学工业发达，是精神劳动极昌盛时代，不可不特别表示，于是罗丹创造《思想的人》和《巴尔扎克夜起著文之像》。（3）恋爱。精神的与肉体的恋爱，是现时代人类主要的冲动。于是罗丹在许多雕刻中表现之（接吻）。

我对于罗丹观察要完了。罗丹一生工作不息，创作繁富。他是个真理的搜寻者，他是个美乡的醉梦者，他是个精神和肉体的劳动者。他生于一千八百四十年，死于近年。生时受人攻击非难，如一切伟大的天才那样。

（原刊《少年中国》1921 年 3 月 15 日第 2 卷第 9 期。）

精彩一句：

　　艺术创造的过程，是物质的精神化；自然创造的过程，是精神的物质化；首尾不同，而其结局同为一极真、极美、极善的灵魂和肉体的协调，心物一致的艺术品。

瑞明品鉴：

　　宗白华观赏罗丹雕塑的过程，就是一次经验的醒悟、心灵的提振。一般的欣赏者很少对这样的体验加以再体验。宗白华的高明之处，恰恰在于能深细地对体验再剖析，使之清晰化、理论化。

　　宗白华欣赏与坚持的人生观是来源于深入体会宇宙精神所具有的创造力，

而人生中的精神创造表现之一的艺术就是这种创造力的表现与对象化。创造力是宇宙的根本精神，也是人生的本真存在，在现象上表征为"动"。动是一种力量，生命在动，精神在动，宇宙的真实在动。而表现人生的艺术，它的内容与目的，也在动。人类的一切精神创造，都是这个"动"的具体再现，是极真、极美、极善的灵魂和肉体的协调。

宗白华说，罗丹就是这样一位表现"动"的艺术家。罗丹认为惟有"动象"可以表示宇宙真相、生命精神，表示那自然背后所深藏的不可思议的东西。罗丹的雕刻艺术就是注重动之内容的表示与动之精神的活泼。

形与影
——罗丹作品学习札记

　　明朝画家徐文长曾题夏圭的山水画说："观夏圭此画，苍洁旷迥，令人舍形而悦影！"

　　舍形而悦影，这往往会叫我们离开真实，追逐幻影，脱离实际，耽爱梦想，但古来不少诗人画家偏偏喜爱"舍形而悦影"。徐文长自己画的"驴背吟诗"（现藏故宫）就是用水墨写出人物与树的影子，甚至用扭曲的线纹画驴的四蹄，不写实，却令人感到驴从容前驰的节奏，仿佛听到蹄声滴答，使这画面更加生动而有音乐感。

　　中国古代诗人、画家为了表达万物的动态，刻画真实的生命和气韵，就采取虚实结合的方法，通过"离形得似"，"不似而似"的表现手法来把握事物生命的本质。唐人司空图《诗品》里论诗的"形容"艺术说："绝伫灵素，少迥清真。如觅水影，如写阳春。风云变态，花草精神。海之波澜，山之嶙峋。俱似大道，妙契同尘。离形得似，庶几斯人。"

　　离形得似的方法，正在于舍形而悦影。影子虽虚，恰能传神，表达出生命里微妙的、难以模拟的真。这里恰正是生命，是精神，是气韵，是动。《蒙娜丽莎》的微笑不是像影子般飘拂在她的眉睫口吻之间吗？

中国古代画家画竹子不也教人在月夜里摄取竹叶横窗的阴影吗？

法国近代雕刻家罗丹创作的特点正是重视阴影在塑形上的价值。他最爱到哥特式教堂里去观察复杂交错的阴影变化。把这些意象运用到他雕塑的人物形象里，成为他的造型的特殊风格。

我在 1920 年夏季到达巴黎，罗丹的博物馆开幕不久，（罗丹在 1917 年死前将全部作品赠予法国政府设立博物馆）我去徘徊观摩了多次，深深地被他的艺术形象所感动，觉得这些新创的现实主义与浪漫主义相结合的形象是和古希腊的雕刻境界异曲同工。艺术贵乎创造，罗丹是在深切地研究希腊以后，创造了新的形象来表达他自己的时代精神。

记得我在当时写了一篇《看了罗丹雕刻以后》，里面有一段话留下了我当时对罗丹的理解和欣赏：

> 他的雕刻是从形象里面发展，表现出精神生命，不讲求外表形式的光滑美满。但他的雕刻中确没有一条曲线、一块平面而不有所表示生意跃动，神致活泼，如同自然之真。罗丹真可谓能使物质而精神化了。

罗丹创造的形象常常往来在我的心中，帮助我理解艺术。前年无意中购得一本德国女音乐家海伦·娜斯蒂兹写的《罗丹在谈话和信札中》（德意志民主共和国出版），文笔清丽，写出罗丹的生活、思想和性情，栩栩如生，使我吟味不已。书中有不少谈艺的隽语，对我们很有启发，也给予美的感受。去年暑假把它译了出来，公诸同好。（拙译见北京大学出版社出版的《宗白华美学文学译文选》）从这本小书里我们可以看到罗丹在巴黎郊外他的梅东别墅里怎样被大自然和艺术包围着，而通过自己的无数的创作表现了他的时代的最内在的精神面貌，也就是文艺复兴以来近代资产阶级趋向没落时期人们生活里的强烈矛盾、他们的追求和幻灭。这本小书可以帮助我们了解罗丹的创作企图和他的艺术意境。

（原刊《光明日报》1963 年 2 月 5 日。）

精彩一句：

　　中国古代诗人、画家为了表达万物的动态，刻画真实的生命和气韵，就采取虚实结合的方法，通过"离形得似"、"不似而似"的表现手法来把握事物生命的本质。

文风品鉴：

　　"离形得似"、"不似而似"，一直是我国古代艺术家所遵循的艺术准则。作画不是照相，照搬客观事物，而应从大处着眼，有所概括取舍，删繁就简。扬州八怪之一黄慎的《溪鸭图》，画的是柳溪之中，二鸭游于水上。可是水在哪里？作者未画一笔。但由于二鸭的动态画得极妙，虽不画水，而波自现。画家们所说的"只画鱼儿不画水，此中亦自有波涛"，指的就是这种技法。明代沈颢主张作画要力求"似而不似，不似而似"。清代石涛题诗亦有"名山许游未许画，画必似之山必怪。变幻神奇懵懂间，不似之似当下拜"之句，明确指出画名山若求必似则"山必怪"，而于"变幻神奇懵懂间"求不似之似，则会收到令人见之"当下拜"的极好的艺术效果。现代画家黄宾虹认为：绝似物象者与绝不似物象者都是欺世盗名之画，只有绝似又绝不似物象者，才是"真画"！傅抱石曾列作画程序：不似（入手）—似（经过）—不似（最后），把不似之似当作绘画的最高境界。

艺术与中国社会

依于仁，游于艺。

——孔子

孔子说"兴于诗，立于礼，成于乐"，这三句话挺简括地说出孔子的文化理想、社会政策和教育程序。王弼解释得好："言为政之次序也：夫喜惧哀乐，民之自然，感应而动，而发乎诗歌。所以陈诗采谣，以知民志风。既见其风，则损益基焉。故因俗立志，以达其礼也。矫俗检刑，民心未化，故感以乐声，以和其神也。"中国古代的社会文化与教育是拿诗书礼乐做根基。《礼记·王制》："乐正崇四术，立四教……春秋教以礼乐，冬夏教以诗书。"教育的主要工具，门径和方法是艺术文学。艺术的作用是能以感情动人，潜移默化培养社会民众的性格品德于不知不觉之中，深刻而普遍。尤以诗和乐能直接打动人心，陶冶人的性灵人格。而"礼"却在群体生活的和谐与节律中，养成文质彬彬的动作，步调的整齐，意志的集中。中国人在天地的动静，四时的节律，昼夜的来复，生长老死的绵延，感到宇宙是生生而具条理的。这"生生而条理"就是天地运行的大道，就是一切现象的体和用。孔子在川上曰："逝者如斯夫，不舍昼夜！"最能表出中国人这种"观吾生，观其生"（易观卜辞）的风度和境界。这种最高度的把握生命，和最深度的体验生命的精神境界，具体地贯注到社会实际生活里，使生活端庄流丽，成就了诗书礼乐的文化。但这境界，这"形而上的道"，也同时要能贯彻到形而下的器。器是人类生活的日用工具。人类能仰观俯察，构成宇宙观，会通形象物理，才能创作器皿，以为人生之用。器是离不开人生的，而人也成了离不开器皿工具的生物。而人类社会生活的高峰，礼和乐的生活，乃寄托和表现于礼器乐器。

礼和乐是中国社会的两大柱石。"礼"构成社会生活里的秩序条理。礼好像画上的线文钩出事物的形象轮廓，使万象昭然有序。孔子曰："绘事后素"。"乐"滋润着群体内心的和谐与团结力。然而礼乐的最后根据，在于形而上的天地境界。《礼记》上说：

> 礼者，天地之序也；乐者，天地之和也。

人生里面的礼乐负荷着形而上的光辉，使现实的人生启示着深一层的意义和美。礼乐使生活上最实用的、最物质的衣食住行及日用品，升华进端庄流丽的艺术领域。三代的各种玉器，是从石器时代的石斧石磬等，升华到圭璧等等的礼器乐器。三代的铜器，也是从铜器时代的烹调器及饮器等，升华到国家的至宝。而它们艺术上的形体之美、式样之美、花纹之美、色泽之美、铭文之美，集合了画家书家雕塑家的设计与模型，由冶铸家的技巧，而终于在圆满的器形上，表出民族的宇宙意识（天地境界），生命情调，以至政治的权威，社会的亲和力。在中国文化里，从最低层的物质器皿，穿过礼乐生活，直达天地境界，是一片混然无间，灵肉不二的大和谐，大节奏。

因为中国人由农业进于文化，对于大自然是"不隔"的，是父子亲和的关系，没有奴役自然的态度。中国人对他的用具（石器铜器），不只是用来控制自然，以图生存，他更希望能在每件用品里面，表出对自然的敬爱，把大自然里启示着的和谐、秩序，它内部的音乐、诗，表现在具体而微的器皿中。一个鼎要能表象天地人。《诗绎》里说：

诗者，天地之心。

《乐记》里说：

大乐与天地同和……

《孟子》曰：

君子……上下与天地同流。

中国人的个人人格、社会组织以及日用器皿，都希望能在美的形式中，作为形而上的宇宙秩序，与宇宙生命的表征。这是中国人的文化意识，也是中国艺术境界的最后根据。

孔子是替中国社会奠定了"礼"的生活的。礼器里的三代彝鼎，是中国古典文学与艺术的观摩对象。铜器的端庄流丽，是中国建筑风格，汉赋唐律，四六文体，以至于八股文的理想典范。它们都倾向于对称、比例、整齐、谐和之美。然而，玉质的坚贞而温润，它们的色泽的空灵幻美，却领导着中国的玄思，趋向精神人格之美的表现。它的影响，显示于中国伟大的文人画里。文人画的最高境界，是玉的境界。倪云林画可以代表。不但古之君子比德于玉，中国的画、瓷器、书法、诗、七弦琴，都以精光内敛，温润如玉的美为意象。

然而，孔子更进一步求"礼之本"。礼之本在仁，在于音乐的精神。理想的人格，应该是一个"音乐的灵魂"。刘向《说苑》里有这么一段记载：

孔子至齐郭门外，遇婴儿，其视精，其心正，其行端。孔子曰："趣驱之，趣驱之，韶乐将作！"

他在一个婴儿的灵魂里，听到他素所倾慕的韶乐将作。（子在齐闻韶，三月不知肉味）。《说苑》上这段记载，虽未必可靠，却是极有意义。可以想见孔子酷爱音乐的事迹已经谣传成为神话了。

社会生活的真精神在于亲爱精诚的团结，最能发扬和激励团结精神的是音乐！音乐使我们步调整齐，意志集中，团结的行动有力而美。中国人感到宇宙全体是大生命的流行，其本身就是节奏与和谐。人类社会生活里的礼和乐，是反射着天地的节奏与和谐。一切艺术境界都根基于此。

但西洋文艺自希腊以来所富有的"悲剧精神"，在中国艺术里，却得不到充分的发挥，且往往被拒绝和闪躲。人性由剧烈的内心矛盾才能掘发出的深度，往往被浓挚的和谐愿望所淹没。固然，中国人心灵里并不缺乏他雍穆和平大海似的幽深，然而，由心灵的冒险，不怕悲剧，以窥探宇宙人生的危岩雪岭，发而为莎士比亚的悲剧、贝多芬的乐曲，这却是西洋人生波澜壮阔的造诣！

（原刊《学识》（半月刊）1947 年 10 月第 1 卷第 12 期。）

精彩一句：

中国人的个人人格、社会组织以及日用器皿，都希望能在美的形式中，作为形而上的宇宙秩序，与宇宙生命的表征。这是中国人的文化意识，也是中国艺术境界的最后根据。

文风品鉴：

中国古代的艺术与生活是不隔的，艺术源于生活，生活里也充满着艺术。因此，艺术作为"形而上的道"，能够贯彻到形而下的器之中。人类仰观俯察，构成宇宙观，会通形象物理，创作器皿，以为人生之用。礼和乐的生活，无不寄托和表现于礼器乐器里。可以说，古代的艺术与社会生活宛如铜钱之两面，共生共存，相辅相成。而不知什么时候，艺术却慢慢地远离了鲜活的社会生活，成为文人们书斋中的玩意；生活也失去了艺术的意味，人人只为稻粱谋。诗意地栖居，成为一种幻想。是啊，现代化的狂潮席卷而下，卷去了我们很多原本十分美好的东西。在漫漫的人生征途上，我们就像一个捡了芝麻、丢了西瓜的猴子，因小失大，得不偿失，却还在沾沾自喜。今天的中国社会需要艺术，人们愈益浮躁的心灵亟需艺术的浸润和慰藉；今天的中国艺术也需要生活的气息，或波澜壮阔或平凡散淡的生活里有的是生命的悸动，需要艺术去进行审美的观照。如果说在宗白华的时代，生活艺术化或艺术生活化，还只是一种个人的生活理想的话，那么在当下应该成为一种社会的普遍追求。宗白华说，中国人感到宇宙全体是大生命的流行，其本身就是节奏与和谐。人类社会生活里的礼和乐，是反射着天地的节奏与和谐。一切艺术境界都根基于此。其实，一切生活的境界又何尝不是根基于此呢？

唐人诗歌中所表现的民族精神

（一）文学与民族的关系

邵元冲先生在他的《如何建设中国文化》一文里说："……一个民族在危险困难的时候，如果失了民族自信力，失了为民族求生存的勇气和努力，这个民族就失了生存的能力，一定得到悲惨不幸的结果。反之，一个民族处在重大压迫危殆的环境中，如果仍能为民族生存而奋斗，来充实自己，来纠正自己，来勉励自己，大家很坚强刻苦的努力，在伟大的牺牲与代价之下，一定可以得到很光荣的成功！……"吾人只要打开中外历史一看，就可证明邵先生的话不错！因为一民族的盛衰存亡，都系于那个民族有无"自信力"。所以失掉了"自信力"的犹太人虽然有许多资产阶级掌握着欧洲的经济枢纽，但他们很不容易以复国土。反之，经了欧洲的重创，和凡尔赛条约宰割的德意志，她却能本着她的民族"自信力"向着复兴之途迈进。最近的萨尔收复运动，就可表明她的民族自信力的伟大——然而这种民族"自信力"——民族精神——的表现与发扬，却端赖于文学的熏陶，我国古时即有闻歌咏以觇国风的故事。因为文学是民族的表征，是一切社会活动留在纸上的影子；无论诗歌、小说、音乐、绘画、雕刻，都可以左右民族思想的。它能激发民族精神，也能使民族精神趋于消沉。就我国的文学史来看：在汉唐的诗歌里都有一种悲壮的胡笳意味和出塞从军的壮志，而事实上证明汉唐的民族势力极强。晚唐诗人眈于小己的享乐和酒色的沉醉，所为歌咏，流入靡靡之音，而晚唐终于受外来民族契丹的欺侮。自清代中期以后，桐城派文学家姚姬传提倡文章的作法——"阳刚阴柔"之说，曾国藩等附和之，那一个时期中国文坛上，都充满着阴柔的气味，甚至近代人林琴南、马其昶等还"守此不堕"，而铁一般的事实证明咱们中国从姚姬传时代到林琴南时代，受尽了外人的侵略，在邦交上恰也竭尽了柔弱的能事！由此看来，文学能转移民族的习性，它的重要，可想而知了。而作者这一篇短短的文字，当不致被人视为无聊之事吧！

（二）唐代诗坛的特质与其时代背景

我们在整个的中国文学史看来，无疑的唐代诗歌在中国文学史上有特殊的地位。不但它声韵的铿锵和格调的度化，集诗歌的大成，为后来的学诗者所效法，而那个时代——唐代的诗坛有一种特别的趋势，就是描写民族战争文学的发达，在别的时代可说决没有这样多的。如西汉中世，于富贵化的古典词赋甚发达，北宋二百年只有描写儿女柔情的小词盛达。在唐代却不然了，初唐诗人的壮志，都具有并吞四海之志，投笔从戎，立功塞外，他们都在做着这样悲壮之梦，他们的意志是坚决的，他们的思想是爱国主义的，这样的诗人才可称为"真正的民众喇叭手"！中唐诗人的慷慨激烈，亦大有拔剑起舞之概！他们都祈祷祝颂战争的胜利，虽也有几个非战诗人哀吟痛悼，诅咒战争的残忍；但他们诅咒战争，乃是国内的战乱，惋惜无辜的死亡，他们对于与别个民族争雄，却都存着同仇敌忾之志。如素被称为非战诗人的杜少陵，也有"男儿生世间，及北当封侯，战伐有功业，焉能守旧邱！""拔剑击大荒，日收胡马群，誓开玄冥北，持以奉吾君！"看吧！唐代的诗人怎样的具着"民族自信力"，一致地鼓吹民族精神！和现在自命为"唯我派诗人"，"象征派诗人"，只知道"蔷薇呀"、"玫瑰呀"、"我的爱呀"，坐在"象牙之塔"里，咀嚼着"轻烟般的烦恼"的人们比较起来，真令人有不胜今昔之感呢！

唐代诗坛的特质既如上述。但我们要问为什么唐代的诗歌都含着民族意味？为什么民族诗人在唐代不断地产生？我们要解答这个问题，就要了解唐代是一个什么时代。

研究中国历史的人们，谁都知道唐代的国势之强，唐代的武功，至今外人话及，尚有谈虎色变之概！因为唐代除了它的没落时期——晚唐——其余一二百年，差不多都注意于对外的民族斗争。

在这种威加四夷，万邦慑服的时代里，当然能陶冶得出"有力的民族诗歌"！养成"慷慨的民族诗人"了！

（三）初唐时期——民族诗歌的萌芽

一个时代的创始，正和人的少年时候一样，带着一种活泼的朝气。初唐是唐代三百年的开创时期，代表初唐统治者的唐太宗，无论文治、武功都超轶古今。而那时候的诗人，也能一洗六朝靡靡的风气，他们都具有高远的眼光，把握着现实生活努力，他们都有投笔从戎，立功海外的壮志，抒写伟大的怀抱，成为壮美的文学。岂但诗人如此，就是那时的政治家魏征也有一首感遇诗：

> 中原初逐鹿，投笔事戎轩。纵横计不就，慷慨志犹存。杖策谒天子，驱马出关门。请缨系南粤，凭轼下东藩。郁纡陟高岫，出没望平原。古木鸣寒鸟，空山啼夜猿。既伤千里目，还惊九逝魂。岂不惮艰险，深怀国士恩。季布无二诺，侯嬴重一言。人生感意气，功名谁复论。

——魏征《述怀》

我们看他的"杖策谒天子，驱马出关门"，是何等的气概！这种有力的风格，影响于唐代诗坛很大。在初唐诗人之群里，首屈一指的，要推陈子昂了。他是唐代文学革命的先锋，他的诗歌也流露着极强的民族意识，兹抄录二首，聊当举隅。

匈奴犹未灭，魏绛复从戎。怅别三河道，言追六郡雄。雁山横代北，狐塞接云中。勿使燕然上，惟留汉将功。

——陈子昂《送魏大从军》

平生白云意，疲苶愧为雄。君王谬殊宠，旌节此从戎。挼绳常系虏，单马岂邀功。孤剑将何托，长谣塞上风。

——陈子昂《东征答朝臣相送》

我们再看骆宾王的诗：

平生一顾重，意气溢三军。野日分戈影，天星合剑文。弓弦抱汉月，马足践胡尘。不求生入塞，唯当死报君。

——骆宾王《从军行》

边烽警榆塞，侠客度桑乾。柳叶开银镝，桃花昭玉鞍。满月连弓影，连星入剑端。不学燕台客，空歌易水寒。

——骆宾王《侠客远从容》

我们再看杨炯的诗：

烽火照西京，心中自不平。牙璋辞凤阙，铁骑绕龙城。雪暗凋旗画，风多杂鼓声。宁为百夫长，胜作一书生。

——杨炯《从军行》

还有刘希夷的诗：

　　秋天凤飒飒，群胡马行疾。严城昼不开，伏兵暗相失。天子庙堂拜，将军凶门出。纷纷伊洛道，戎马几万匹。军门压黄河，兵气冲白日。平生怀仗剑，慷慨即投笔。南登汉月孤，北走代云密。近取韩彭计，早知孙吴术。丈夫清万里，谁能扫一室。

——刘希夷《从军行》

卢照邻的诗也是十分感人的：

　　刘生气不平，抱剑欲专征。报恩为豪侠，死难在横行。翠羽装刀鞘，黄金饰马铃。但令一顾重，不吝百身轻。

——卢照邻《刘生》

最使我们击节叹赏的要算祖咏的那首：

　　燕台一去客心惊，笳鼓喧喧汉将营。万里寒光生积雪，三边曙色动危旌。沙场烽火连胡月，海畔云山拥蓟城。少小虽非投笔吏，论功还欲请长缨。

——祖咏《望蓟门》

　　"少小虽非投笔吏，论功还欲请长缨。"可代表初唐时期的诗人的胸怀！总之，初唐摆脱六朝的靡靡文风，开导全唐的民族诗歌，继往开来，我们名之为——民族诗歌的萌芽时期。

（四）盛唐时期——民族诗歌的成熟

　　到了盛唐，国家对外战争的次数更多，社会的组织，也渐渐呈着不安状态，所谓"安史之乱"也在这时下了种子。那时期的诗人，目击"外患内扰"相因未已，他们一方面诅咒内战，如杜少陵的《石壕吏》、《彭衙行》等篇，充满着厌恶战乱，悯恤无辜的意义。一方面却都存着"匈奴未灭，何以家为"的壮志。王昌龄的"……黄沙百战穿金甲，不破楼兰终不还"可为代表。而这时期诗人蔚起，如大诗人杜少陵、李太白、王摩诘，都相继产生，其余如王昌龄、岑参、李颀、王翰、王之涣、李益、张祜等人物，也具有他们的特长之处。唐代的诗歌，到了这个时期，可算全盛时代了。不！也许在整个中国文学史看来，中国诗坛在这时已到了顶点呢！而他们——盛唐的诗人们——无论著名的作家或未名的作家，对于歌咏民族战争，特别感到兴趣，无论那一个作家，至少也得吟几首出塞诗。如那时有一个不知名姓的"西鄙人"，他也能做一首哥舒歌："北斗七星高，哥舒夜带刀，至今窥牧马，不敢过临洮！"而统治军队的武将如严武，他也能做一首《军城早秋》："昨夜秋风入汉关，朔云边月满西山，更催飞将追骄虏，莫遣沙场匹马还！"例子是举不尽的。这样可知那时无论武夫，以至于不知名姓的"鄙人"，都一致地从军塞外，抒其同仇敌忾的壮志。何况诗人们对于歌咏，本是他们的特长，他们的作品自更能使人感动了！我们且来看看他们的吧：

杜少陵的诗：

> 萧关陇水入官军，青海黄河卷塞云。北极转愁龙虎气，西戎休纵犬羊群。
>
> ——杜甫《喜闻盗贼总退口号》

岑参两首：

> 君不见！走马川行雪海边，平沙莽莽黄入天。轮台九月风夜吼，一川碎石大如斗，随风满地石乱走。匈奴草黄马正肥，金山西见烟尘飞，汉家大将西出师！将军金甲夜不脱，半夜军行戈相拨，风头如刀面如割。马毛带雪汗气蒸，五花连钱旋作冰，幕中草檄砚水凝。虏骑闻之应胆慑，料知短兵不敢接！车师西门伫献捷！
>
> ——岑参《走马川行奉送封大师西征》

汉家承恩西破戎，捷书先奏未央宫。天子预开麟阁待，只今谁数
贰师功！

日落辕门鼓角鸣，千群面缚出蕃城。洗兵鱼海云迎阵，秣马龙堆
月照营！

——岑参《封大夫破播仙凯歌》

王摩诘（维）两首：

吹角动行人，喧喧行人起。笳悲马嘶乱，争渡金河水。日暮沙漠
垂，战声烟尘里。尽系名王颈，归来报天子。

——王维《从军行》

太白秋高助汉兵，长风夜卷虏尘清。男儿解却腰间剑，喜见从王
道化平。

——王维《平戎辞》

王昌龄的诗：

青海长云暗雪山，孤城遥望玉门关，黄沙百战穿金甲，不破楼兰
终不还！

——王昌龄《从军行》

大漠风尘日色昏，红旗半卷出辕门。前军夜战洮河北，已报生擒
吐谷浑！

秦时明月汉时关，万里长征人未还。但使龙城飞将在，不教胡马
度阴山！

骝马新跨白玉鞍，战罢沙场月色寒。城头铁鼓声犹振，匣里金刀
血未干！

——王昌龄《出塞》

李白一首：

从军玉门道，逐虏金微山。笛奏梅花曲，刀开明月环。鼓声鸣海上，兵气拥云间。愿斩单于头，长驱静铁关！

——李白《从军行》

李益两首：

劳者且莫歌，我歌送君觞；从军有苦乐，此曲乐未央。仆本在陇上，陇水断人肠。东过秦宫路，宫路入咸阳。时逢汉帝出，谏猎至长杨。讵驰游侠窟，非结少年场。一旦承嘉惠，轻身重恩光。秉笔参帷幄，从军至朔方。边地多阴风，草木自凄凉。断绝海云去，出没胡沙长。参差引雁翼，隐辚腾军装。剑文夜如水，马汗冻成霜。侠气五都少，矜功六郡良。山河起目前，睚眦死路旁。北逐驱獯虏，西临复旧疆。西还赋余资，今出乃赢粮。一矢弢夏服，我弓不再张。寄语丈夫雄，苦乐身自当。

——李益《从军有苦乐行》

身承汉飞将，束发即言兵。侠少何相问，从来事不平。黄云断朔歙，白雪拥沙城。幸应边书募，横戈会取名。

——李益《赴邠宁留别》

张祜一首：

自古多征战，由来尚甲兵。长驱千里去，一举两番平。按剑从沙漠，歌谣满帝京。寄言天下将，须立武功名。

——张祜《采桑》

高骈一首：

恨乏平戎策，惭登拜将坛。手持金钺冷，身挂铁衣寒。主圣扶持易，恩深报效难。三边犹未靖，何敢便休官？

——高骈《言怀》

吴均一首：

羽檄起边庭，烽火乱如萤。是时张博望，夜赴交河城。马头要落日，剑尾掣流星。君恩未得报，何论身命轻？

——吴均《入关》

李频一首：

吾宗遍好武，汉代将家流。走马辞中原，屯军向渭州。天心待破虏，阵面许封侯。却得河源水，方应洗国仇。

——李频《赠李将军》

李希仲一首：

一身救边速，烽火通蓟行。前军鸟飞断，格斗尘沙昏。寒日鼓声急，单于夜将奔。当须殉忠义，身死报国恩。

——李希仲《蓟门行》

刘驾一首：

昔送征夫苦，今送征夫乐。寒衣纵携去，应向归时着。天子待功成，别造凌烟阁。

——刘驾《送征夫》

恕作者不再一一列举了。从上面几首读来，已够使我们回肠荡气，击节欣赏了！总之，民族诗歌到了盛唐，非但在意识上已较初唐更进一步，而音调的铿锵，格律的完善，犹非初唐诗歌所及。再加诗歌的普通化，上至武将，下至鄙人，都有一首以上的歌咏民族精神的诗歌。无疑的，民族诗歌到了盛唐是成熟的时期了。

（五）民族诗歌的结晶——出塞曲

如前所述，唐代的诗人们无论著名的作家，或未著名的作家，至少有一首以上的"出塞诗"。而上至掌握国事的政治家，统率军队的武人，下至贩夫走卒，以及不知名姓的鄙人，也会做一两首关于民族斗争的诗歌。他们都以"出塞曲"为主题，"出塞曲"在当时诗坛上占着极重要的位置。在我们研究中国文学史的人看起来，可称"出塞曲"为唐代民族诗歌的结晶品。

但究竟什么叫做"出塞曲"呢？我们要回答这个问题，先要知道什么叫做"出塞"？

胡云翼在他的《唐代的战争文学》里写着："班马萧萧，大旗飘飘，军笳悠扬，军行离开长安——唐时的首都很远了；渡过黄河以北了，渐渐渡过陇头水，越过陇西，出玉门关了；或由河北直上，过了黑水头，过了无定河，渐近燕支山了，渐近受降城了。"我们可以借他的话来形容出塞的情景。那兵士们既已出塞，看着那黄沙蔽日，塞外的无垠荒凉，展开在眼前。当着月儿高高地照在长城之上，飒飒的凉风扑面吹来，此时立在军门之前，横吹一支短笛，高歌一曲胡笳，无论你是一个怎样的弱者，也会兴奋起来，身上燃烧着英雄的热血，想着所谓"誓开玄冥北，持以奉吾君"了！描写这样悲壮的情景，就叫"出塞曲"。我们来看杜少陵的名句吧！

磨刀鸣咽水，水赤刃伤手。欲轻肠断声，心绪乱已久。丈夫誓许国，愤惋应何有！功名图麒麟，战骨当朽休！

挽弓当挽强，用箭当用长；射人先射马，擒贼先擒王。杀人亦有限，列国自有疆。苟能制侵陵，岂在多杀伤！

单于寇我垒，百里风尘昏。雄剑四五动，彼军为我奔。掳其名王归，系颈授辕门。潜身备行列，一胜何足论！

从军十余年，能无分寸功？众人贵苟得，欲语羞雷同。中原有斗争，况在狄与戎！丈夫四方志，安可辞固穷。

——以上为《前出塞》

男儿生世间，及壮当封侯。战伐有功业，焉能守旧邱？召募赴蓟门，军动不可留。千金买马鞭，百金装刀头。同里送我行，亲戚拥道周。斑白居上列，酒酣进庶羞。少年别有赠，含笑看吴钩。

朝进东门营，暮上河阳桥。落日照大旗，马鸣风萧萧。平沙列万幕，部伍各见招。中天悬明月，令严夜寂寥。悲笳数声动，壮士惨不骄。借问大将谁，恐是霍嫖姚。

古人重守边，今人重高勋。岂知英雄主，出师亘长云。六合已一家，四夷且孤军。遂使貔虎士，奋身勇所闻。拔剑击大荒，日收胡马群。誓开玄冥北，持以奉吾君！

——以上为《后出塞》

杜少陵是一个非战诗人，他身经"安史之乱"，弟妹失散，父子隔绝，战争的痛苦，他是尝够了。所以在他的诗歌里，十九诅咒战争，表现极强的非战思想。而他对于民族意识，尚这样强烈。"拔剑击大荒，日收胡马群！""中原有斗争，况在狄与戎！"充分表现了他是一个爱国诗人！而"古人重守边，今人重高勋。""苟能制侵陵，岂在多杀伤！"又可知道他是酷爱和平、讲人道主义的人。于此，我们佩服这个"诗圣"人格的伟大！

下面我再将唐代诗人的"出塞曲"略举数首如下：

上将三略远，元戎九命尊。缅怀古人节，思酬明主恩。

——虞世南《出塞》

塞外欲纷纭，雌雄犹未分。明堂占气色，华盖辨星文。二月河魁将，三千太乙军。丈夫皆有志，会见立功勋！

——杨炯《出塞》

胡骑犯边埃，风从丑上来。五原烽火急，六群羽书催。冰壮飞狐冷，霜浓侯雁哀。将军朝授钺，战士夜衔枚。紫塞金河里，葱山铁勒隈。莲花秋剑发，桂叶晓旗开。秘略三军动，妖氛百战摧。何言投笔去，终作勒铭回。

——沈佺期《塞北》

居延城外猎天骄，白草连天野火烧。暮云空碛时驱马，秋日平原好射雕。护羌校尉朝乘障，破虏将军夜渡辽。玉靶角弓珠勒马，汉家将赐霍嫖姚！

——王维《出塞》

忽闻天上将，关塞重横行。始返楼兰国，还向朔方城。黄金装战马，白羽集神兵。星月开天阵，山川列地营。晚风吹画角，春色耀飞旌。宁知班定远，犹是一书生！

——陈子昂《和陆明府赠将军重出塞》

天骄远塞行，出鞘宝刀鸣。定知酬恩日，今朝觉命轻。塞虏常为敌，边风已报秋。平生多志气，箭底觅封侯。

——王涯《塞上曲》

戈甲从军久，风云识阵难。今朝拜韩信，计日斩成安。燕颔多奇相，狼头敢犯边。寄言班定远，正是立功年！

——王涯《从军词》

林暗草惊风，将军夜引弓。平明寻白羽，没在石棱中。月黑雁飞高，单于夜遁逃。欲将轻骑逐，大雪满弓刀。

——卢纶《和张仆射塞下曲》

骄虏初南下，烟尘暗国中。独召李将军，夜开甘泉宫。一身许明主，万里总元戎。霜甲卧不暖，夜半闻边风。胡天早飞雪，荒徼多转蓬。寒云覆水重，秋气连海空。金鞍谁家子，上马鸣角弓。自是幽并客，非论爱立功。

——薛奇重《塞下曲》

方见将军贵，分明对冕旒。圣恩如远被，狂虏不难收。臣节唯期死，功勋敢望侯？终辞修里第，从此出皇州。

——僧贯休《入塞》

汉家旌帜满阴山，不遣胡儿匹马还。愿得此生长报国，何需生入玉门关！

——戴叔伦《塞上曲》

金带连环束战袍，马头冲雪度临洮，卷旗夜劫单于帐，乱斫胡儿缺宝刀！

——马戴《出塞》

朔雪飘飘开雁门，平沙历乱卷蓬根，功名耻计擒生数，直斩楼兰报国恩！

——张仲素《塞下曲》

（六）尾语——唐代的没落与没落的诗人

历史说明自中唐以后，唐朝开始向衰亡的途上走去。藩镇跋扈，宦官窃柄，内乱外患，相逼而至，在这样国运危险万分之际，晚唐的诗人是应该怎样本着杜少陵的非战文学，积极的反对内战！应该怎样继着初唐、盛唐的诗人的出塞从军的壮志，歌咏慷慨的民族诗歌！然而事实是使我们失望的！晚唐的诗坛充满着颓废、堕落及不可救药的暮气；他们只知道沉醉在女人的怀里，呻吟着无聊的悲哀。看吧！他们的微弱无力的诗歌：

李商隐诗：

猿岛犹疑畏简书，风云长为护储胥。徒令上将挥神笔，终见降王走传车。管乐有才真不忝，关张无命欲何如？他年锦里经祠庙，梁父吟成恨有余！

——李商隐《筹笔驿》

巧笑知堪敌万几，倾城最在着戎衣，晋阳已陷休回顾，更请君王猎一围。

——李商隐《北齐》

水精如意玉连环，下蔡城危莫破颜，红绽樱桃含白雪，断肠声里唱阳关。

——李商隐《赠歌妓》

嵩云秦树久离居，双鲤迢迢一纸书，休问梁国旧宾客，茂陵秋雨病相如。

——李商隐《寄令狐中郎》

温庭筠五首：

铁马云雕共绝尘，柳营高压汉宫春。天清杀气屯关右，夜半妖星照渭滨。下国卧龙空寤主，中原得鹿不由人。象床宝帐无言语，从此谯周是老臣。

——温庭筠《经五丈原》

十年分散剑关秋，万事皆随锦水流！志气已曾明汉节，功名犹尚带吴钩。雕边认箭寒云重，马上听笳塞草愁。今日逢君倍惆怅，灌婴韩信尽封侯。

——温庭筠《赠蜀将》

江海相逢客恨多，秋风叶下洞庭波。酒酣夜别淮阴市，月照高楼一曲歌。

——温庭筠《赠少年》

井底点灯深烛伊，共郎长行莫围棋。玲珑骰子安红豆，入骨相思知不知？

——温庭筠《新添声杨柳枝辞》

高低深浅一阑红，把火殷勤绕露丛。希逸近来成懒病，不能容易向春风。

——温庭筠《夜看牡丹》

杜牧四首：

落魄江湖载酒行，楚腰肠断掌中轻。十年一觉扬州梦，赢得青楼薄倖名！

——杜牧《遣怀》

折戟沈沙铁未销，自将磨洗认前朝。东风不与周郎便，铜雀春深锁二乔。

——杜牧《赤壁》

翠鬣红毛舞文晖，水禽情似此禽稀。暂分烟岛犹回首，只渡寒塘亦并飞。映雾尽迷珠殿瓦，逐梭齐上玉人机。采莲无限兰桡女，笑指中流羡尔归。

——杜牧《崔珏和人鸳鸯之什》

江雨霏霏江草齐，六朝如梦鸟空啼。无情最是台城柳，依旧烟笼十里堤！

——杜牧《韦庄金陵图》

我们读了上列几首晚唐诗人的诗歌，不得不佩服他们对于修辞学的讲究，字句的美术化，使我们觉得十分满意，而音律的婉转抑扬，真可谓"弦弦掩抑声声思"了！然而当着国家危急存亡的关头，和千百万人民都在流离失所的时候，他们尚在那儿"十年一觉扬州梦，赢得青楼薄幸名"。"玲珑骰子安红豆，入骨相思知不知？"只管一己享乐，忘却大众痛苦，那就失掉诗人的人格了！而在初唐、盛唐的诗人写来是"人生感意气，功名谁复论"（魏征）。"丈夫誓许国，愤惋复何有！"（杜甫）"功名耻计擒生数，直斩楼兰报国恩！"（张仲素）形容出烈士为国牺牲的精神；而在晚唐诗人写来则为"今日逢君倍惆怅，灌婴韩信尽封侯"。怀念自己的禄位，忘掉国家民族，令人齿冷！同样怀古兴感，在老杜笔底写来的"出师未捷身先死，长使英雄泪满巾！"咏歌武侯，是何等的慷慨激昂！在晚唐诗人写来则成为"下国卧龙空寤主，中原得鹿不由人！""管乐有才真不忝，关张无命欲何如！"充分表现消极悲观的意识了！大约晚唐诗人只知道留恋儿女柔情，歌咏鸳鸯蝴蝶，什么国家民族？什么民众疾苦？与他们漠不相关！他们无聊的时候，只能呻吟着"希逸近来成懒病，不能容易向春风！""休问梁园旧宾客，茂陵秋雨病相如！"唉，颓废的晚唐诗人，没落的晚唐诗人！

（原刊《建国月刊》1935 年 3 月第 12 卷第 13 期。）

精彩一句：

文学是民族的表征，是一切社会活动留在纸上的影子。无论诗歌、小说、音乐、绘画、雕刻，都可以左右民族思想的。它能激发民族精神，也能使民族精神趋于消沉。

瑞明品鉴：

1935 年 3 月，宗白华翻读唐诗，在众多的诗篇中读出了唐诗中的民族精神，也就是唐代人强大的民族自信力。过了 10 年，1948 年 9 月，宗白华又重新发表了这篇文章。时代不同了，一篇文章呈现的意味也会有不同。

宗白华这篇文章初次发表时，中国内战正酣，而外患已成。宗白华在文章中热情洋溢地说，初唐时期的诗人带着唐代的开创精神，都有投笔从戎、立功海外的壮志，抒写伟大的怀抱，成就了壮美的文学。他们从军塞外，同仇敌忾，"出塞曲"就是他们的心声，慷慨激昂，英雄气概十足。细品此文，有一种深长的意味。那种刚健进取，与时代相结合的精神，实在是一种精神心力的提振。

而当宗白华不避重复发表的嫌疑，再发表此文时，外患已去，内战再起且正酣。不知宗白华先生是否在隐微地表达对内战的意见。与时代背景结合起来看，文章就有了反讽的意味。

论《世说新语》和晋人的美

汉末魏晋六朝是中国政治上最混乱、社会上最苦痛的时代，然而却是精神史上极自由、极解放，最富于智慧、最浓于热情的一个时代。因此，也就是最富有艺术精神的一个时代。王羲之父子的字，顾恺之和陆探微的画，戴逵和戴颙的雕塑，嵇康的广陵散（琴曲），曹植、阮籍、陶潜、谢灵运、鲍照、谢朓的诗，郦道元、杨衒之的写景文，云岗、龙门壮伟的造像，洛阳和南朝的闳丽的寺院，无不是光芒万丈，前无古人，奠定了后代文学艺术的根基与趋向。

这时代以前——汉代，在艺术上过于质朴，在思想上定于一尊，统治于儒教；这时代以后——唐代，在艺术上过于成熟，在思想上又入于儒、佛、道三教的支配。只有这几百年间是精神上的大解放，人格上、思想上的大自由。人心里面的美与丑、高贵与残忍、圣洁与恶魔，同样发挥到了极致。这也是中国周秦诸子以后第二度的哲学时代，一些卓超的哲学天才——佛教的大师，也是生在这个时代。

这是中国人生活史里点缀着最多的悲剧，富于命运的罗曼司的一个时期，八王之乱、五胡乱华、南北朝分裂，酿成社会秩序的大解体、旧礼教的总崩溃、思想和信仰的自由、艺术创造精神的勃发，使我们联想到西欧十六世纪的"文艺复兴"。这是强烈、矛盾、热情、浓于生命彩色的一个时代。

但是西洋"文艺复兴"的艺术（建筑、绘画、雕刻）所表现的美，是浓郁的、华贵的、壮硕的；魏晋人则倾向简约玄澹，超然绝俗的哲学的美，晋人的书法是这美的最具体的表现。

这晋人的美，是这全时代的最高峰。《世说新语》一书记述得挺生动，能以简劲的笔墨画出它的精神面貌、若干人物的性格、时代的色彩和空气。文笔的简约玄澹尤能传神。撰述人刘义庆生于晋末，注释者刘孝标也是梁人；当时晋人的流风余韵犹未泯灭，所述的内容，至少在精神的传模方面，离真相不远（唐修《晋书》也多取材于它）。

要研究中国人的美感和艺术精神的特性，《世说新语》一书里有不少重要的资料和启示，是不可忽略的。今就个人读书札记粗略举出数点，以供读者参考，详细而有系统的发挥，则有待于将来。

一、魏晋人生活上、人格上的自然主义和个性主义，解脱了汉代儒教统治下的礼法束缚，在政治上先已表现于曹操那种超道德观念的用人标准。一般知识分子多半超脱礼法观点直接欣赏人格个性之美，尊重个性价值。恒温问殷浩曰："卿何如我？"殷答曰："我与我周旋久，宁作我！"这种自我价值的发现和肯定，在西洋是文艺复兴以来的事。而《世说新语》上第 6 篇《雅量》、第 7 篇《识鉴》、第 8 篇《赏誉》、第 9 篇《品藻》、第 14 篇《容止》，都系鉴赏和形容"人格个性之美"的。而美学上的评赏，所谓"品藻"的对象乃在"人物"。中国美学竟是出发于"人物品藻"之美学。美的概念、范畴、形容词，发源于人格美的评赏。"君子比德于玉"，中国人对于人格美的爱赏渊源极早，而品藻人物的空气，已盛行于汉末。到"世说新语时代"则登峰造极了（《世说》载"温太真是过江第二流之高者。时名辈共说人物，第一将尽之间，温常失色。"即此可见当时人物品藻在社会上的势力）。

中国艺术和文学批评的名著，谢赫的《画品》，袁昂、庾肩吾的《画品》、钟嵘的《诗品》、刘勰的《文心雕龙》，都产生在这热闹的品藻人物的空气中。后来唐代司空图的《二十四品》，乃集我国美感范畴之大成。

二、山水美的发现和晋人的艺术心灵。《世说》载东晋画家顾恺之从会稽还，人问山水之美，顾云："千岩竞秀，万壑争流，草木蒙笼其上，若云兴霞蔚。"这几句话不是后来五代北宋荆（浩）、关（仝）、董（源）、巨（然）等山水画境界的绝妙写照么？中国伟大的山水画的意境，已包具于晋人对自然美的发现中了！而《世说》载简文帝入华林园，顾谓左右曰："会心处不必在远，翳然林水，便自有濠濮间想也。觉鸟兽禽鱼自来亲人。"这不又是元人山水花鸟小幅，黄大痴、倪云林、钱舜举、王若水的画境吗？（中国南宗画派的精意在于表现一种潇洒胸襟，这也是晋人的流风余韵。）

晋宋人欣赏山水，由实入虚，即实即虚，超入玄境。当时画家宗炳云："山水质有而趣灵。"诗人陶渊明有"采菊东篱下，悠然见南山"，"此中有真意，欲辨已忘言"；谢灵运有"溟涨无端倪，虚舟有超越"；以及袁彦伯的"江山辽落，居然有万里之势。"王右军与谢太傅共登冶城，谢悠然远想，有高世之志。荀中郎登北固望海云："虽未睹三山，便自使人有凌云意。"晋宋人欣赏自然，有"目送归鸿，手挥五弦"的超然玄远的意趣。这使中国山水画自始即是一种"意境中的山水"。宗炳画所游山水悬于室中，对之云"抚琴动操，欲令众山皆响"。郭景纯有诗句曰"林无静树，川无停流"，阮孚评之云："泓峥萧瑟，实不可言，每读此文，辄觉神超形越。"这玄远幽深的哲学意味深透在当时人的美感和自然欣赏中。

晋人以虚灵的胸襟、玄学的意味体会自然，乃能表里澄澈，一片空明，建立最高的晶莹的美的意境！司空图《诗品》里曾形容艺术心灵为"空潭写春，古镜照神"，此境晋人有之：

王羲之曰："从山阴道上行，如在镜中游！"

心情的朗澄，使山川影映在光明净体中！

王司州（修龄）至吴兴印渚中看，叹曰："非唯使人情开涤，亦觉日月清朗！"

司马太傅（道子）斋中夜坐，于时天月明净，都无纤翳，太傅叹以为佳。谢景重在坐，答曰："意谓乃不如微云点缀。"太傅因戏谢曰："卿居心不净，乃复强欲滓秽太清邪？"

这样高洁爱赏自然的胸襟，才能够在中国山水画的演进中产生元人倪云林那样"洗尽尘滓，独存孤迥"，"潜移造化而与天游"，"乘云御风，以游于尘壒之表"（皆恽南田评倪画语），创立一个玉洁冰清，宇宙般幽深的山水灵境。晋人的美的理想，很可以注意的，是显著的追慕着光明鲜洁、晶莹发亮的意象。他们赞赏人格美的形容词像"濯濯如春月柳"，"轩轩如朝霞举"，"清风朗月"，"玉山"，"玉树"，"磊砢而英多"，"爽朗清举"，都是一片光亮意象。甚至于殷仲堪死后，殷仲文称他"虽不能休明一世，足以映彻九泉"。形容自然界的如"清露晨流，新桐初引"。形容建筑的如"遥望层城，丹楼如霞"。庄子的理想人格"藐姑射仙人，绰约若处子，肌肤若冰雪"，不是这晋人的美的意象的源泉么？桓温谓谢尚"企脚北窗下，弹琵琶，故自有天际真人想"。天际真人是晋人理想的人格，也是理想的美。

晋人风神潇洒，不滞于物，这优美的自由的心灵找到一种最适宜于表现他自己的艺术，这就是书法中的行草。行草艺术纯系一片神机，无法而有法，全在于下笔时点画自如，一点一拂皆有情趣，从头至尾，一气呵成，如天马行空，游行自在。又如庖丁之中綮，神行于虚。这种超妙的艺术，只有晋人萧散超脱的心灵，才能心手相应，登峰造极。魏晋书法的特色，是能尽各字的真态。"钟繇每点多异，羲之万字不同"。"晋人结字用理，用理则从心所欲不逾矩"。唐张怀瓘《书议》评王献之书云："子敬之法，非草非行，流便于行草；又处于其中间，无藉因循，宁拘制则，挺然秀出，务于简易。情驰神纵，超逸优游，临事制宜，从意适便。有若风行雨散，润色开花，笔法体势之中，最为风流者也！逸少秉真行之要，子敬执行草之权，父之灵和，子之神俊，皆古今之独绝也。"他这一段话不但传出行草艺术的真精神，且将晋人这自由潇洒的艺术人格形容尽致。中国独有的美术书法——这书法也就是中国绘画艺术的灵魂——是从晋人的风韵中产生的。魏晋的玄学使晋人得到空前绝后的精神解放，晋人的书法是这自由的精神人格最具体最适当的艺术表现。这抽象的音乐似的艺术才能表达出晋人的空灵的玄学精神和个性主义的自我价值。欧阳修云："余尝喜览魏晋以来笔墨遗迹，而想前人之高致也！所谓法帖者，其事率皆吊哀候病，叙睽离，通讯问，施于家人朋友之间，不过数行而已。盖其初非用意，而逸笔余兴，淋漓挥洒，或妍或丑，百态横生，披卷发函，烂然在目，使骤见惊绝，徐而视之，其意态如无穷尽，使后世得之，以为奇玩，而想见其为人也！"个性价值之发现，是"世说新语时代"的最大贡献，而晋人的书法是这个性主义的代表艺术。到了隋唐，晋人书艺中的"神理"凝成了"法"，于是"智永精熟过人，惜无奇态矣"。

三、晋人艺术境界造诣的高，不仅是基于他们的意趣超越，深入玄境，尊重个性，生机活泼，更主要的还是他们的"一往情深"！无论对于自然，对探求哲理，对于友谊，都有可述：

> 王子敬云："从山阴道上行，山川自相映发，使人应接不暇。若秋冬之际，尤难为怀！"

好一个"秋冬之际尤难为怀！"

> 卫玠总角时问乐令"梦"。乐云："是想"。卫曰："形神所不接而梦，岂是想邪？"乐云："因也。未尝梦乘车入鼠穴，捣齑啖铁杵，皆无想无因故也。"卫思因经日不得，遂成病。乐闻，故命驾为剖析之。卫即小差。乐叹曰："此儿胸中，当必无膏肓之疾！"

卫玠姿容极美，风度翩翩，而因思索玄理不得，竟至成病，这不是柏拉图所说的富有"爱智的热情"么？

晋人虽超，未能忘情，所谓"情之所钟，正在我辈"（王戎语）！是哀乐过人，不同流俗。尤以对于朋友之爱，里面富有人格美的倾慕。《世说》中《伤逝》一篇记述颇为动人。庾亮死，何扬州临葬云："埋玉树着土中，使人情何能已已！"伤逝中犹具悼惜美之幻灭的意思。

> 顾长康拜桓宣武墓，作诗云："山崩溟海竭，鱼鸟将何依？"人问之曰："卿凭重桓乃尔，哭之状其可见乎？"顾曰："鼻如广莫长风，眼如悬河决溜！"

> 顾彦先平生好琴，及丧，家人常以琴置灵床上，张季鹰往哭之，

不胜其恸，遂径上床，鼓琴，作数曲竟，抚琴曰："顾彦先颇复赏此否？"因又大恸，遂不执孝子手而出。

桓子野每闻清歌，辄唤奈何，谢公闻之，曰："子野可谓一往有深情。"

王长史登茅山，大恸哭曰："琅琊王伯舆，终当为情死！"

阮籍时率意独驾，不由路径，车迹所穷，辄痛哭而返。

深于情者，不仅对宇宙人生体会到至深的无名的哀感，扩而充之，可以成为耶稣、释迦的悲天悯人；就是快乐的体验也是深入肺腑，惊心动魄；浅俗薄情的人，不仅不能深哀，且不知所谓真乐：

王右军既去官，与东土人士营山水弋钓之乐。游名山，泛沧海，叹曰："我卒当以乐死！"

晋人富于这种宇宙的深情，所以在艺术文学上有那样不可企及的成就。顾恺之有三绝：画绝、才绝、痴绝。其痴尤不可及！陶渊明的纯厚天真与侠情，也是后人不能到处。

晋人向外发现了自然，向内发现了自己的深情。山水虚灵化了，也情致化了。陶渊明、谢灵运这般人的山水诗那样的好，是由于他们对于自然有那一股新鲜发现时身入化境浓酣忘我的趣味；他们随手写来，都成妙谛，境与神会，真气扑人。谢灵运的"池塘生春草"也只是新鲜自然而已。然而扩而大之，体而深之，就能构成一种泛神论宇宙观，作为艺术文学的基础。孙绰《天台山赋》云："恣语乐以终日，等寂默于不言，浑万象以冥观，兀同体于自然。"又云："游览既周，体静心闲，害马已去，世事都捐，投刃皆虚，目牛无全，凝想幽岩，朗咏长川。"在这种深厚的自然体验下，产生了王羲之的《兰亭序》，鲍照《登大雷岸寄妹书》，陶宏景、吴均的《叙景短札》，郦道元的《水经注》：这些都是最优美的写景文学。

四、我说魏晋时代人的精神是最哲学的，因为是最解放的、最自由的。支道林好鹤，往郯东岇山，有人遗其双鹤。少时翅长欲飞。支意惜之，乃铩其翮。

鹤轩翥不复能飞，乃反顾翅垂头，视之如有懊丧之意。林曰："既有凌霄之姿，何肯为人作耳目近玩！"养令翮成，置使飞去。晋人酷爱自己精神的自由，才能推己及物，有这意义伟大的动作。这种精神上的真自由、真解放，才能把我们的胸襟像一朵花似地展开，接受宇宙和人生的全景，了解它的意义，体会它的深沉的境地。近代哲学上所谓"生命情调"、"宇宙意识"，遂在晋人这超脱的胸襟里萌芽起来（使这时代容易接受和了解佛教大乘思想）。卫玠初欲过江，形神惨悴，语左右曰："见此茫茫，不觉百端交集，苟未免有情，亦复谁能遣此？"后来初唐陈子昂《登幽州台歌》："前不见古人，后不见来者。念天地之悠悠，独怆然而涕下！"不是从这里脱化出来？而卫玠的一往情深，更令人心恸神伤，寄慨无穷。（然而孔子在川上，曰："逝者如斯夫，不舍昼夜！"则觉更哲学，更超然，气象更大。）

> 谢太傅与王右军曰："中年伤于哀乐，与亲友别，辄作数日恶。"

人到中年才能深切地体会到人生的意义、责任和问题，反省到人生的究竟，所以哀乐之感得以深沉。但丁的《神曲》起始于中年的徘徊歧路，是具有深意的。

> 桓温北征，经金城，见前为琅琊时种柳皆已十围，慨然曰："木犹如此，人何以堪？"攀条执枝，泫然流泪。

桓温武人，情致如此！庾子山著《枯树赋》，末尾引桓大司马曰："昔年种柳，依依汉南；今逢摇落，凄怆江潭，树犹如此，人何以堪？"他深感到桓温这话的凄美，把它敷演成一首四言的抒情小诗了。

然而王羲之的《兰亭》诗："仰视碧天际，俯瞰渌水滨。寥阒无涯观，寓目理自陈。大哉造化工，万殊莫不均。群籁虽参差，适我无非新。"真能代表晋人这纯净的胸襟和深厚的感觉所启示的宇宙观。"群籁虽参差，适我无非新"两句尤能写出晋人以新鲜活泼自由自在的心灵领悟这世界，使触着的一切呈露新的灵魂、新的生命。于是"寓目理自陈"，这理不是机械的陈腐的理，乃是活泼的宇宙生机中所含至深的理。王羲之另有两句诗云："争先非吾事，静照在忘求。""静照"（comtemplation）是一切艺术及审美生活的起点。这里，哲学彻悟的生活和审美生活，源头上是一致的。晋人的文学艺术都浸润着这新鲜活泼的"静照在忘求"和"适我无非新"的哲学精神。大诗人陶渊明的"日暮天无云，春风扇微和"，"即事多所欣"，"良辰入奇怀"，写出这丰厚的心灵"触着每秒光阴都成了黄金"。

五、晋人的"人格的唯美主义"和友谊的重视，培养成为一种高级社交文化如"竹林之游，兰亭禊集"等。玄理的辩论和人物的品藻是这社交的主要内容。因此谈吐措词的隽妙，空前绝后。晋人书札和小品文中隽句天成，俯拾即是。陶渊明的诗句和文句的隽妙，也是这"世说新语时代"的产物。陶渊明散文化的诗句又遥遥地影响着宋代散文化的诗派。苏、黄、米、蔡等人们的书法也力追晋人萧散的风致。但总嫌做作夸张，没有晋人的自然。

六、晋人之美，美在神韵（人称王羲之的字韵高千古）。神韵可说是"事外有远致"，不沾滞于物的自由精神（目送归鸿，手挥五弦）。这是一种心灵的美，或哲学的美，这种事外有远致的力量，扩而大之可以使人超然于死生祸福之外，发挥出一种镇定的大无畏的精神来：

> 谢太傅盘桓东山，时与孙兴公诸人泛海戏。风起浪涌，孙（绰）王（羲之）诸人色并遽，便唱使还。太傅神情方王，吟啸不言。舟人以公貌闲意说，犹去不止。既风转急浪猛，诸人皆喧动不坐。公徐曰："如此，将无归。"众人皆承响而回。于是审其量足以镇安朝野。

美之极，即雄强之极。王羲之书法人称其字势雄逸，如龙跳天门，虎卧凤阙。淝水的大捷植根于谢安这美的人格和风度中。谢灵运泛海诗"溟涨无端倪，虚舟有超越"，可以借来体会谢公此时的境界和胸襟。

枕戈待旦的刘琨，横江击楫的祖逖，雄武的桓温，勇于自新的周处、戴渊，都是千载下懔懔有生气的人物。桓温过王敦墓，叹曰："可儿！可儿！"心焉向往那豪迈雄强的个性，不拘泥于世俗观念，而赞赏"力"，力就是美。

庾道季说："廉颇，蔺相如虽千载上死人，懔懔如有生气。曹蜍，李志虽见在，厌厌如九泉下人。人皆如此，便可结绳而治。但恐狐狸猯狢啖尽！"这话何其豪迈、沉痛。晋人崇尚活泼生气，蔑视世俗社会中的伪君子、乡愿，战国以后二千年来中国的"社会栋梁"。

七、晋人的美学是"人物品藻"，引例如下：

> 王武子、孙子荆各言其土地之美。王云："其地坦而平，其水淡而清，其人廉且贞。"孙云："其山崔巍以嵯峨，其水泙渫而扬波，其人磊砢而英多。"
>
> 桓大司马（温）病，谢公往省病，从东门入，桓公遥望叹曰："吾门中久不见如此人！"
>
> 嵇康身长七尺八寸，风姿特秀，见者叹曰："萧萧肃肃，爽朗清举。"或云："萧萧如松下风，高而徐引。"山公云："嵇叔夜之为人也，岩岩如孤松之独立，其醉也，傀俄若玉山之将崩！"
>
> 海西时，诸公每朝，朝堂犹暗，唯会稽王来，轩轩如朝霞举。
>
> 谢太傅问诸子侄："子弟亦何预人事，而正欲其佳？"诸人莫有言者。车骑（谢玄）答曰："譬如芝兰玉树，欲使其生于阶庭耳。"
>
> 人有叹王恭形茂者，曰："濯濯如春月柳。"
>
> 刘尹云："清风朗月，辄思玄度。"

拿自然界的美来形容人物品格的美，例子举不胜举。这两方面的美——自然美和人格美——同时被魏晋人发现。人格美的推重已滥觞于汉末，上溯至孔子及儒家的重视人格及其气象。"世说新语时代"尤沉醉于人物的容貌、器识、肉体与精神的美。所以"看杀卫玠"，而王羲之——他自己被时人目为"飘如游云，矫如惊龙"——见杜弘治叹曰："面如凝脂，眼如点漆，此神仙中人也！"

而女子谢道韫亦神情散朗，奕奕有林下风。根本《世说》里面的女性多能矫矫脱俗，无脂粉气。

总而言之，这是中国历史上最有生气，活泼爱美，美的成就极高的一个时代。美的力量是不可抵抗的，见下一段故事：

　　桓宣武平蜀，以李势妹为妾，甚有宠，尝着斋后。主（温尚明帝女南康长公主）始不知，既闻，与数十婢拔白刃袭之。正值李梳头，发委藉地，肤色玉曜，不为动容，徐徐结发，敛手向主，神色闲正，辞甚凄惋，曰："国破家亡，无心至此，今日若能见杀，乃是本怀！"主于是掷刀前抱之："阿子，我见汝亦怜，何况老奴！"遂善之。

　　话虽如此，晋人的美感和艺术观，就大体而言，是以老庄哲学的宇宙观为基础，富于简淡、玄远的意味，因而奠定了一千五百年来中国美感——尤以表现于山水画、山水诗的基本趋向。

　　中国山水画的独立，起源于晋末。晋宋山水画的创作，自始即具有"澄怀观道"的意趣。画家宗炳好山水，凡所游历，皆图之于壁，坐卧向之，曰："老病俱至，名山恐难遍游，惟当澄怀观道，卧以游之。"他又说："圣人含道应物，贤者澄怀味像；人以神法道而贤者通，山水以形媚道而仁者乐。"他这所谓"道"，就是这宇宙里最幽深最玄远却又弥纶万物的生命本体。东晋大画家顾恺之也说绘画的手段和目的是"迁想妙得"。这"妙得"的对象也即是那深远的生命，那"道"。

　　中国绘画艺术的重心——山水画，开端就富于这玄学意味（晋人的书法也是这玄学精神的艺术），它影响着一千五百年，使中国绘画在世界上成一独立的体系。

　　他们的艺术的理想和美的条件是一味绝俗。庾道季见戴安道所画行像，谓之曰："神明太俗，由卿世情未尽！"以戴安道之高，还说是世情未尽，无怪他气得回答说："唯务光当免卿此语耳！"

　　然而也足见当时美的标准树立得很严格，这标准也就一直是后来中国文艺批评的标准："雅"、"绝俗"。

　　这唯美的人生态度还表现于两点，一是把玩"现在"，在刹那的现量的生活里求极量的丰富和充实，不为着将来或过去而放弃现在价值的体味和创造：

　　王子猷尝暂寄人空宅住，便令种竹。或问："暂住何烦尔？"王啸咏良久，直指竹曰："何可一日无此君！？"

　　二则美的价值是寄于过程的本身，不在于外在的目的，所谓"无所为而为"的态度。

> 王子猷居山阴，夜大雪，眠觉开室命酌酒，四望皎然。因起彷徨，咏左思《招隐》诗。忽忆戴安道；时戴在剡，即便乘小船就之。经宿方至，造门不前而返。人问其故，王曰："吾本乘兴而来，兴尽而返，何必见戴？"

　　这截然地寄兴趣于生活过程的本身价值而不拘泥于目的，显示了晋人唯美生活的典型。

　　八、晋人的道德观与礼法观。孔子是中国二千年礼法社会和道德体系的建设者。创造一个道德体系的人，也就是真正能了解这道德的意义的人。孔子知道道德的精神在于诚，在于真性情，真血性，所谓赤子之心。扩而充之，就是所谓"仁"。一切的礼法，只是它寄托的外表。舍本执末，丧失了道德和礼法的真精神真意义，甚至于假借名义以便其私，那就是"乡愿"，那就是"小人之儒"。这是孔子所深恶痛绝的。孔子曰："乡愿，德之贼也。"又曰："女为君子儒，无为小人儒！"他更时常警告人们不要忘掉礼法的真精神真意义。他说："人而不仁如礼何？人而不仁如乐何？"子于是日哭，则不歌。食于丧者之侧，未尝饱也。这伟大的真挚的同情心是他的道德的基础。他痛恶虚伪。他骂"巧言令色鲜矣仁！他骂"礼云、礼云，玉帛云乎哉！"然而孔子死后，汉代以来，孔子所深恶痛绝的"乡愿"支配着中国社会，成为"社会栋梁"，把孔子至大至刚、极高明的中庸之道化成弥漫社会的庸俗主义、妥协主义、折衷主义、苟安主义，孔子好象预感到这一点，他所以极力赞美狂狷而排斥乡愿。他自己也能超然于礼法之表追寻活泼的真实的丰富的人生。他的生活不但"依于仁"，还要"游于艺"。他对于音乐有最深的了解并有过最美妙、最简洁而真切的形容。他说：

> 乐，其可知也！始作，翕如也。从之，纯如也。皦如也。绎如也。以成。

他欣赏自然的美，他说："仁者乐山，智者乐水。"

他有一天问他几个弟子的志趣。子路、冉有、公西华都说过了，轮到曾点，他问道：

> "点，尔何如？"鼓瑟希，铿尔，舍瑟而作，对曰："异乎三子者之撰！"子曰："何伤乎？亦各言其志也。"曰："莫春者，春服既成，冠者五六人，童子六七人，浴乎沂，风乎舞雩，咏而归！"
>
> 夫子喟然叹曰："吾与点也！"

孔子这超然的、蔼然的、爱美爱自然的生活态度，我们在晋人王羲之的《兰亭序》和陶渊明的田园诗里见到遥遥嗣响的人，汉代的俗儒钻进利禄之途，乡愿满天下。魏晋人以狂狷来反抗这乡愿的社会，反抗这桎梏性灵的礼教和士大夫阶层的庸俗，向自己的真性情、真血性里掘发人生的真意义、真道德。他们不惜拿自己的生命、地位、名誉来冒犯统治阶级的奸雄假借礼教以维持权位的恶势力。曹操拿"败伦乱俗，讪谤惑众，大逆不道"的罪名杀孔融。司马昭拿"无益于今，有败于俗，乱群惑众"的罪名杀嵇康。阮籍佯狂了，刘伶纵酒了，他们内心的痛苦可想而知。这是真性情、真血性和这虚伪的礼法社会不肯妥协的悲壮剧。这是一班在文化衰堕时期替人类冒险争取真实人生真实道德的殉道者。他们殉道时何等的勇敢，从容而美丽：

> 嵇康临刑东市，神气不变，索琴弹之，奏广陵散，曲终曰："袁孝尼尝请学此散，吾靳固不与，广陵散于今绝矣！"

以维护伦理自命的曹操枉杀孔融，屠杀到孔融七岁的小女、九岁的小儿，谁是真的"大逆不道"者？

道德的真精神在于"仁"，在于"恕"，在于人格的优美。《世说》载：

> 阮光禄（裕）在剡，曾有好车，借者无不皆给。有人葬亲母，意欲借而不敢言。阮后闻之，叹曰："吾有车而使人不敢借，何以车

为？"遂焚之。

这是何等严肃的责己精神！然而不是由于畏人言，畏于礼法的责备，而是由于对自己人格美的重视和伟大同情心的流露。

> 谢奕作剡令，有一老翁犯法，谢以醇酒罚之，乃至过醉，而犹未已。太傅（谢安）时年七八岁，着青布绔，在兄膝边坐，谏曰："阿兄，老翁可念，何可作此！"奕于是改容，曰："阿奴欲放去耶？"遂遣之。

谢安是东晋风流的主脑人物，然而这天真仁爱的赤子之心实是他伟大人格的根基。这使他忠诚谨慎地支持东晋的危局至于数十年。淝水之役，苻坚发戎卒 60 余万、骑 27 万，大举入寇，东晋危在旦夕。谢安指挥若定，遣谢玄等以 8 万兵一举破之。苻坚风声鹤唳，草木皆兵，仅以身免。这是军事史上空前的战绩，诸葛亮在蜀没有过这样的胜利！

一代枭雄，不怕遗臭万年的桓温，也不缺乏这英雄的博大的同情心：

> 桓公入蜀，至三峡中，部伍中有得猿子者，其母缘岸哀号，行百余里不去，遂跳上船，至便即绝。破视其腹中，肠皆寸寸断。公闻之，怒，命黜其人。

晋人既从性情的真率和胸襟的宽仁建立他的新生命，摆脱礼法的空虚和顽固，他们的道德教育遂以人格的感化为主。我们看谢安这段动人的故事：

> 谢虎子尝上屋熏鼠。胡儿（虎子之子）既无由知父为此事，闻人道痴人有作此者，戏笑之。时道此非复一过。太傅既了己（指胡儿自己）之不知，因其言次语胡儿曰："世人以此谤中郎（虎子），亦言我共作此。"胡儿懊热，一月，日闭斋不出。太傅虚托引己之过，必相开悟，可谓德教。

我们现代有这样精神伟大的教育家吗？所以：

> 谢公夫人教儿，问太傅："那得初不见公教儿？"答曰："我常自
> 教儿！"

这正是像谢公称赞褚季野的话："褚季野虽不言，而四时之气亦备！"

他确实在教，并不姑息，但他着重在体贴入微的潜移默化，不欲伤害小儿的羞耻心和自尊心：

> 谢玄少时好着紫罗香囊垂覆手。太傅患之，而不欲伤其意；乃讁
> 与赌，得即烧之。

这态度多么慈祥，而用意又何其严格！谢玄为东晋立大功，救国家于垂危，足见这教育精神和方法的成绩。

当时文俗之士所最仇疾的阮籍，行动最为任诞，蔑视礼法也最为彻底。然而正在他身上我们看出这新道德运动的意义和目标。这目标就是要把道德灵魂重新建筑在热情和率直之上，摆脱陈腐礼法的外形。因为这礼法已经丧失了它的真精神，变成阻碍生机的桎梏，被奸雄利用作政权工具，借以锄杀异己。（曹操杀孔融）

> 阮籍当葬母，蒸一肥豚，饮酒二斗，然后临诀。直言"穷矣！"
> 举声一号，吐血数升，废顿良久。

他拿鲜血来灌溉道德的新生命！他是一个壮伟的丈夫。容貌环杰，志气宏放，傲然独得，任性不羁，当其得意，忽忘形骸，"时人多谓之痴"。这样的人，无怪他的诗"旨趣遥深，反复零乱，兴寄无端，和愉哀怨，杂集于中"。他的咏怀诗是《古诗十九首》以后第一流的杰作。他的人格坦荡淳至，虽见嫉于士大夫，却能见谅于酒保：

阮公邻家妇有美色，当垆沽酒。阮与王安丰常从妇饮酒。阮醉便眠其妇侧。夫始殊疑之，伺察终无他意。

这样解放的自由的人格是洋溢着生命，神情超迈，举止历落，态度恢廓，胸襟潇洒：

王司州（修龄）在谢公坐，咏"入不言兮出不辞，乘回风兮载云旗！"（九歌句）语人云："'当尔时'觉一坐无人！"

桓温读《高士传》，至于陵仲子，便掷去曰："谁能作此溪刻自处。"这不是善恶之彼岸的超然的美和超然的道德吗？

"振衣千仞冈，濯足万里流！"晋人用这两句诗写下他的千古风流和不朽的豪情！

作者识：这篇小文曾发表于正月《星期评论》第十期。当时匆匆交稿，还有一些未尽的意思。现将原文各段重加增订，主要的是添了一节"晋人的道德和礼法观"，篇幅较原稿增一倍以上，似较原稿能得一完整的印象。魏晋六朝的中国，史书上向来处于劣势地位。鄙人此论希望给予一新的评价。秦汉以来，一种广泛的"乡愿主义"支配着中国精神和文坛已两千年。这次抗战中表现的伟大热情和英雄主义，当能替灵魂一新面目。在精神生活上发扬人格的真解放，真道德，以启发民众创造的心灵，朴俭的感情，建立深厚高阔、强健自由的生活，是这篇小文的用意。环视全世界，只有抗战中的中国民族精神是自由而美的了！

（原刊《星期评论》1941 年 1 月第 10 期。
增订稿刊于《时事新报·学灯》1941 年 4 月 28、
5 月 5 日第 126、127 期。此为增订稿。）

精彩一句：

精神上的真自由、真解放，才能把我们的胸襟像一朵花似地展开，接受宇宙和人生的全景，了解它的意义，体会它的深沉的境地。

瑞明品鉴：

晋人向外发现了自然，向内发现了自己的深情。宗白华的这篇名文，是对魏晋六朝时期精神的深度彰显，真正做到了韩愈所说的"发潜德之幽光"。这"光"就是魏晋人对自然、对自身、对自由、对美的发现与热爱，形成特定的魏晋风骨与魏晋风流。

宗白华的别具只眼，不仅在对魏晋人美的精神的发现，更在对这光源的探寻。他特意说明对原文的增订是加了一节"晋人的道德和礼法观"，是对原始儒家思想精义，也就是对孔子及其道德精神的充分肯定来照映出魏晋人深藏的仁恕精神。魏晋人的狂狷行为，像对行为最任诞最蔑视礼法的阮籍，宗白华也一反历代的负面性评价，说它实际上涵蕴着一个新道德运动的意义和目标，摆脱虚伪、鄙视机诈以建立真诚、宽厚、积极的道德人格。宗白华揭示了，魏晋六朝对美的发现、人生意义的体会，虽然受到玄学的启迪，但最深的精神根源却是在儒家思想。

宗白华写这篇文章时有真切的现实感。他为抗战初期中国人英勇抵抗侵略所表现出来的伟大热情与英雄主义所深深感动。这是他对魏晋精神新发现的现实心理基础。如果把历史和现实结合起来，宗白华真实的用意，是对中国抗战意义的发现：中国抗战不但是抵抗侵略、争取民族自由解放的伟大战争，而且在这样一个艰难的时代里，中国人在精神生活上既能发扬人格的真解放，真道德，以启发民众的创造心灵，朴俭感情，更能建立深厚高阔、强健自由的生活。

徐悲鸿与中国绘画

　　当西历纪元第五世纪，中国绘画已经历汉魏六朝发展臻于高点。人物画大盛；山水画亦入佳境。顾恺之、陆探微、张僧繇等大放光芒，照耀百世。于是，谢赫综合画学理论，辑成绘画之六法：曰气韵生动；曰骨法用笔；曰应物象形；曰随类赋彩；曰经营位置；曰传移模写。此六法中之应物象形与随类赋彩，即是临摹自然，刻画造化中之真形态。经营位置，是布置万象于尺幅之中，使自然之境界成艺术之境界。骨法用笔，则是中国绘画工具之特点。笔与墨之运用，神妙无穷：可以写轮廓，可以供渲染；有干笔湿笔轻重虚实巧拙繁简之分，而宇宙间万种形象，山水云烟，人物花鸟，皆幻现于笔底。且笔之运用，存于一心，通于腕指，为人格个性直接表现之枢纽。故书法为中国特有之高级艺术：以抽象之笔墨表现极具体之人格风度及个性情感，而其美有如音乐。且中国文字原本象形，即缩写物象中抽象之轮廓要点，而遗弃其无关于物之精粹结构的部分。故与文字同源之中国绘画，自始即不重视物之"阴影"。非不能绘，不欲绘，不必绘也（西画以阴影为目睹之实境而描画之，乃有凹凸。中国之阴影为虚幻而不欲画之，乃超脱凹凸，自成妙境。）

中国古代画家，多为耽嗜老庄思想之高人逸士。彼等忘情世俗，于静中观万物之理趣。其心追手摹表现于笔墨者，亦此物象中之理趣而已。（理者物之定形，趣者物之生机。）苏东坡云：

> 余尝论画，以为人禽宫室器用，皆有常形；至于山石竹木，水波烟云，虽无常形，而有常理。常形之失，人皆知之。常理之不当，虽晓画者有不知。

东坡之所谓常理，实造化生命中之内部结构，亦不能离生命而存者也。山水人物花鸟中，无往而不寓有浑沌宇宙之常理。宋人尺幅花鸟，于聊聊数笔中，写出一无尽之自然，物理具足，生趣盎然。故笔法之妙用，为中国画之特色，传神写形，流露个性，皆系于此。清代画家邹一桂尝讥西洋画为无笔法，其实，西洋画家亦未尝不重视用笔；尤以炭笔素描于笔致起落中表现物体之生命。惟中国画笔法之异于西洋油画者，即在简之一字。清画家恽格（南田）云："画以简为尚。简之入微，则洗尽尘滓，独存孤迥。"恽本初云："画家以简洁为工。简者简于象，非简于意。简之至者，缛之至也。"故徐悲鸿君称艺有两德为最难诣者：曰华贵，曰静穆；而造诣之道则在练与简。其言曰：

> 中国画以黑墨写于白纸或绢，其精神在抽象。杰作中最现性格处在练。练则简。简则几乎华贵，为艺之极则矣。

此实中国画法所到之最高境界。华贵而简，乃宇宙生命之表象。造化中形态万千，其生命之原理则一。故气象最华贵之午夜星天，亦最为清空高洁，以其灿烂中有秩序也。此宇宙生命中一以贯之之道，周流万汇，无往不在；而视之无形，听之无声。老子名之为虚无；此虚无非真虚无，乃宇宙中浑沌创化之原理；亦即画图中所谓生动之气韵。画家抒写自然，即是欲表现此生动之气韵；故谢赫列为六法第一，实绘画最后之对象与结果也。

生动之气韵笼罩万物，而空灵无迹；故在画中为空虚与流动。中国画最重空白处。空白处并非真空，乃灵气往来生命流动之处。且空而后能简，简而练，则理趣横溢，而脱略形迹。然此境不易到也；必画家人格高尚，秉性坚贞，不以世俗利害营于胸中，不以时代好尚惑其心志：乃能沉潜深入万物核心，得其理趣，胸怀洒落，庄子所谓能与天地精神往来者，乃能随手拈来都成妙谛。中国绘画能完全达此境界者，首推宋元大家。惟后来亦代不乏人，未尝中绝。近代则任伯年为徐悲鸿君所最推重；而徐君自己亦以中国美术之承继者自任。徐君幼年历遭困厄；而坚苦卓绝，不因困难而挫志，不以荣誉而自满。且认定一切艺术当以造化为师；故观照万物，临摹自然，求目与手之准确精练。（在柏林动物园中追摹狮之生活形态，素描以千数计。）有时或太求形似；但自谓"因心惊造化之奇，终不愿牺牲自然形貌，而强之就吾体式，宁屈吾体式而全造化之妙。"斯真中国绘画传统之真旨。盖中国古代绘画，实先由形似之极致，而超入神奇之妙境者也。花鸟虫鱼之为写实不论矣；即号称理想境界之山水画，实亦画家登高远眺之云山烟景。郭熙云："山水大物也，鉴者须远观，方见一障山水之形势气象。"其实，真山水中之云烟变幻，景物空灵，乃有过于画中山水者。且画家所欲画者，自然界之气韵生动。刘熙载云："山之精神写不出，以烟霞写之。春之精神写不出，以草树写之。"于此可以窥见中国画家写实而能空灵之秘密矣。

徐君以二十年素描写生之努力，于西画写实之艺术已深入堂奥；今乃纵横其笔意以写国画，由巧而返于拙，乃能流露个性之真趣，表现自然之理趣。昔画家徐鼎尝自跋其画云："有法归于无法；无法归于有法；乃为大成。"徐君现已趋向此大成之道。中国文艺不欲复兴则已；若欲复兴，则舍此道无他途矣。

文后附言

中国画以笔墨写出物之神态意境，恍如目睹。但画境内虽有深有空，有明暗阴阳，有远近，却无明显之立体凹凸与阴影如西洋画。虽六朝时张僧繇画凹凸花，远望眼晕凹凸如真。但后来中国画始终不肯画阴影，不肯透视法刻画手可捉摸之立体。画面中处处灵虚，多有空白，若一刻画便有匠气。而西画不然，此为中西画根本不同之点，殊堪注意，曾于《图书评论》第二期（按：即《介绍两本关于中国画学的书并论中国的绘画》一文）从宇宙观及技术工具之观点比较略论及之，读者可参阅。

（原刊《国风》1932年10月第1卷第4期。）

精彩一句：

中国画最重空白处。空白处并非真空，乃灵气往来生命流动之处。且空而后能简，简而练，则理趣横溢，而脱略形迹。

瑞明品鉴：

中国绘画艺术空间扩展和延伸的最佳途径是"空白"。"空白"，是中国绘画独具特色的艺术创造，是最具民族特色和艺术风格的。中国绘画不像西洋绘画那样用色彩将画面填满，而是根据艺术构思、形象、主题的需要，在画面上留足一定的空白。清代画家华琳在《南宗抉秘》中说道："墨浓湿干淡之外，加一白字，便是六彩；白即纸素之白；凡山石之阳面处，石坡之平面处，及画外水天空阔处，云物空明处，山足之杳冥处，树头之虚灵处；以之作天作水，作烟断，作云断，作道路，作日光，皆是空白。"空白并非虚无所有，而是实有所指。如水面、天空、流石、阳光、烟霞、道路、河流、瀑布等等，以至于周围的环境，均可以用空白表示，只是没有用笔墨画出。留足上下四方的空白才能使画面潇洒而有风韵；若结构上充天塞地，就会使人感到拥塞窒急。空白之有无、或所留空白之大小与位置，决不是随心所欲的，必需经过精巧的艺术构思。历代画家无不在空白上下功夫。黄宾虹深有体会地说："古人作画，用心于无笔墨处，尤难学步，知白守黑，得其玄妙，未易言语形容。中国画讲究大空小空，即古人所谓密不通风，疏可走马。疏可走马，则疏处不是空虚，一无长物，还得有景。密不通风，还得有立锥之地，切不可使人感到窒急。许地山有诗：'乾坤虽小房栊大，不足回旋睡有馀。'此理可用之于绘画的位置经营上。"位置经营得好，空白留得适当，则空白处亦可见出画意。因此，宗白华强调"中国画画家用心所在，正在无笔墨处"。

凤凰山读画记

1942 年 3 月 29 日青年节，吕斯伯兄来函约我到他画室里去看画，并说代邀李长之君同去。我们两人从容上道，爬上凤凰山顶，走近门口，这时吕斯伯兄同他的夫人迎着出来，邀我们直进他的画室。五六十张大大小小的油画，琳琅美满，虽然灰尘掩上了许多画面，但是掩盖不了它们内在的光芒。

斯伯的画，本也不是一见就令人得到刺激和兴奋的。他的画境，正像他的为人和性格，"静"和"柔"两字可以代表，静故能深，柔故能和。画中静境最不易到。静不是死亡，反而到是甚深微妙的潜隐的无数的动，在艺术家超脱广大的心襟里显呈了动中有和谐有韵律，因此虽动却显得极静。这个静里，不但潜隐着飞动，更是表示着意境的幽深。唯有深心人才能刊落纷华、直造深境幽境。陶渊明、王摩诘、孟浩然、韦苏州这些第一流大诗人的诗，都是能写出这最深的静境的。不能体味这个静境，可以说就不能深入中国古代艺术的堂奥！

我们看斯伯的每一张画，无论静物、画像、山水，都笼罩着一层恬静幽远而又和悦近人的意味，能令人同它们发生灵魂上的接触，得到灵魂上的安慰。你看他画的大油菜，简直是希腊庙堂境界：庄严、深厚、静穆，而暗示着生命的源泉。你看他瓶中野菊花，多么真实生动，巧夺天工，朵朵花都是作者的精思细察，而手上的笔触能够微妙地表出。他的桔柑：形的浑圆，色的流韵，把握到最深的实在，因而把握到实在里的诗。戴醇士（熙）说得好："画令人惊，不如令人喜，令人喜，不如令人思。"这个思，不是科学家的分析，而是哲人对世界静物之深切的体味。艺术家在掘发世界静物的形、色、线、体时，无意地获得物里面潜隐的真、善、美，因而使画境深而圆融，令人体味不尽。而物里面的"和谐"与"韵律"之启示，更是艺术家对人类最珍贵的赠与，我们现代生活里面有"和谐"吗？有"韵律"吗？

我爱斯伯画里面静而冷的境界，可以令人思，令人神凝意远。然而我更爱斯伯的静而有热的画，我称之为"嫩春境界"。他的几幅初春野景，色调的柔韵欲流，氛围的和雅明艳，令人心醉，如饮春风，如吸春胶。我心里暗中盼望它不全卖去，让我们这些朋友能够常到他画室里来流连欣赏！（听他说，他要在四月中旬，把他十四年来的油画作品六七十幅，举行第一次的画展了。）

（原刊《时事新报·学灯》1944 年 4 月 20 日。）

精彩一句：

艺术家在掘发世界静物的形、色、线、体时，无意地获得物里面潜隐的真、善、美，因而使画境深而圆融，令人体味不尽。

文风品鉴：

艺术家是传递真善美的使者，要把最美好的东西分享与社会。然而，近年来，在市场化浪潮下，文艺作品未能很好地处理希望和欲望、社会效益和经济效益等问题，把低俗当做通俗。从规律上讲，任何一项事业，只要有资本介入，就有可能变态；只要跟利益挂钩，就难免变味，这是不以人的意志为转移的。除了作家、艺术家要解决为谁创作、创作什么的问题，也要解决政府监管部门和传播机构的导向问题，一个时期某某类作品走红，制作公司批量生产，电视台争相购买，收视率和点击率决定广告收入，唯利是图，唯率是图。就是在这样的利益背景下，一大批制作而不是创作高手应运而生，作坊式写作、组合式写作大行其道，有的甚至成立写作团队，把创作变成体力劳动，自然原创的少，雷同的多，模式化的多，有"高原"缺"高峰"。正因为如此，我们认为，当代艺术家还必须静下心来，涤除杂念，潜心创作，尽力去发掘生活里的和谐与韵律。宗白华说，"画中静境最不易到"，"唯有深心人才能刊落纷华、直造深境幽境"。我们希望见到更多的体现真正艺术精神、真正民族精神的作品涌现出来，通过文艺的方式向社会传播真善美，展示正能量。

与宣夫谈画

"我的画不愿意题上富有诗意的画题。我画里要是有诗，它自然会逃不了鉴赏者的心目，要是根本没有诗，题上一个优雅的名字，也题不出诗来。"——当秦宣夫兄取出他的一张张近作来给我看时，口里这样说。

他这话是具有深厚的意义的。我想起罗丹在他的谈话录里常常欢喜说："艺术家只要看清楚了自然，把它如实地表现出来就得了，不必对自然作什么解释，也不要灌注什么诗意情感进去！"

本来"自然"里一朵花、一枝叶、一只草虫、一个人体，甚至一块人体上的凹凸的面，这里面所涵藏的境界，所潜存的智慧，它里面的数学、光学、生理学、解剖学，是超过我们人类渺小的学识聪明不知若干倍。它里面蕴藏着的美、真、善，也是具有不可窥尽的深。我们要用崇高的感情去接近它，朝拜它，等若干时间之后，像情人耐心等待他的美人的回首转目，她蓦一顾盼，偶示色相，你，画家，就可取之不尽，用之不竭，创辟天地，裁就作风。

世上的艺术家，可有二型，一是亲密自然的，一是离开自然的。离开自然的作风，像埃及的画，西洋中古的雕刻，现代立体派表现派的画。亲密自然的，对昼、夜、风、雨、霞光、月色、花、草虫、天边的飞鸟、水边的沙痕，点点痕痕都是他眼中的泪、心里的血，画着它们，就是画着自己的梦魂。

古人说"诗者天地之心"，原来天地要借人类的诗、画、音乐、雕刻、建筑，写出他的"心"来。画家只要肯虔诚地去实写自然，那自然的诗心，会自己不待邀请地从你的画面跳出来。所以我看了宣夫的许多幅的油画后，就对宣夫说："你对自然具有这样深的爱，'自然'没有不报答你的爱情。你看你的《山雨欲来》那幅画，全幅色调那样幽冷而雄奇，你说那里面不透露着天地的诗心吗？你的《磁器的胜利日》不是在平凡粗陋的现实上面笼罩着无限的诗意，透着大自然一体同仁的爱吗？你的《农民节》不是那大自然借着勤劳终年，心地无邪的农民的欢舞写出它的朴质的喜剧吗？你的《幼女》、《少女》、《幼女与菊》，哪一幅不是大自然借你的画笔对我们这残酷愚蠢的人类重新显示'人人的真理'？你那幅《沙磁工厂》不是对于现代的工业区也厌恶，大自然把它拥到自己的温暖的怀抱里面了吗？"

自然把一切都美化了，善化了，真化了，而我们人类现在仍在进行着一项工作，要毁灭一切自然赠与我们的价值！摧毁人类的千年辛辛苦苦所创造累积的价值！宣夫兄，你的感想怎么样？你这点辛苦的制造品将来又怎么样？

（原刊《大公报》1945 年 12 月 9 日。）

精彩一句：

古人说"诗者天地之心"，原来天地要借人类的诗、画、音乐、雕刻、建筑，写出他的"心"来。

文风品鉴：

艺术家禀天地灵气，游心大地山河，宇宙万象，墨光所射，不难有囊括无垠之气象。诗的语言的重大人类学意义就在于，它打破了人们的日常生活的感觉方式，把人从现实世界的麻木状态中解救出来，从而使人们看清这世界究竟是怎么一回事。施勒格尔说，人的存在既是有限的，又是无限的，既有"我"，又有"原我"。维特根斯坦说，我们觉得即使一切可能的科学问题都能解答，我们的生命问题还是仍然没有触及到。庄子说，天地有大美而不言。中国艺术语言对大美的表述，往往是正言若反的句式，如老子说的大巧若拙。选择天工，超越人为。

人能够倾听无限的宇宙的音乐，领会神性诗的美，这是因为人也是宇宙诗人的一部分。真正的审美人格、真正的诗性就是灵性。宗白华欣赏的，就是借人类的艺术创造，诸如诗、画、音乐、雕刻、建筑等形式，透显出天地之"心"的诗人。透显天地之"心"，需要一种人生态度，宗白华把这种态度称为"虔敬"。"虔敬"是以真善美相融的本心去体验去创造，艺术实践即生命实践，就是超越形式的局限和有限的人生，达致生命的飞越与振拔。

介绍两本关于中国画学的书并论中国的绘画

　　美学的研究，虽然应当以整个的美的世界为对象，包含着宇宙美、人生美与艺术美；但向来的美学总倾向以艺术美为出发点，甚至以为是唯一研究的对象。因为艺术的创造是人类有意识地实现他的美的理想，我们也就从艺术中认识各时代、各民族心目中之所谓美。所以西洋的美学理论始终与西洋的艺术相表里，他们的美学以他们的艺术为基础。希腊时代的艺术给与西洋美学以"形式"、"和谐"、"自然模仿"、"复杂中之统一"等主要问题，至今不衰。文艺复兴以来，近代艺术则给与西洋美学以"生命表现"和"情感流露"等问题。而中国艺术的中心——绘画——则给与中国画学以"气韵生动"、"笔墨"、"虚实"、"阴阳明暗"等问题。将来的世界美学自当不拘于一时一地的艺术表现，而综合全世界古今的艺术理想，融合贯通，求美学上最普遍的原理而不轻忽各个性的特殊风格。因为美与美术的源泉是人类最深心灵与他的环境世界接触相感时的波动。各个美术有它特殊的宇宙观与人生情绪为最深基础。中国的艺术与美学理论也自有它伟大独立的精神意义。所以中国的画学对将来的世界美学自有它特殊重要的贡献。

中国画中所表现的中国心灵究竟是怎样？它与西洋精神的差别何在？古代希腊人心灵所反映的世界是一个 Cosmos（宇宙）。这就是一个圆满的、完成的、和谐的、秩序井然的宇宙。这宇宙是有限而宁静。人体是这大宇宙中的小宇宙。他的和谐、他的秩序，是这宇宙精神的反映。所以希腊大艺术家雕刻人体石像以为神的象征。他的哲学以"和谐"为美的原理。文艺复兴以来，近代人生则视宇宙为无限的空间与无限的活动。人生是向着这无尽的世界作无尽的努力。所以他们的艺术如"哥特式"的教堂高耸入太空，意向无尽。大画家伦勃朗所写画像皆是每一个心灵活跃的面貌，背负着苍茫无底的空间。歌德的《浮士德》是永不停息的前进追求。近代西洋文明心灵的符号可以说是"向着无尽的宇宙作无止境的奋勉"。

中国绘画里所表现的最深心灵究竟是什么？答曰，它既不是以世界为有限的圆满的现实而崇拜模仿，也不是向一无尽的世界作无尽的追求，烦闷苦恼，彷徨不安。它所表现的精神是一种"深沉静默地与这无限的自然，无限的太空浑然融化，体合为一"。它所启示的境界是静的，因为顺着自然法则运行的宇宙是虽动而静的，与自然精神合一的人生也是虽动而静的。它所描写的对象，山川、人物、花鸟、虫鱼，都充满着生命的动——气韵生动。但因为自然是顺法则的（老、庄所谓"道"），画家是默契自然的，所以画幅中潜存着一层深深的静寂。就是尺幅里的花鸟、虫鱼，也都像是沉落遗忘于宇宙悠渺的太空中，意境旷邈幽深。至于山水画如倪云林的一丘一壑，简之又简，譬如为道，损之又损，所得着的是一片空明中金刚不灭的精萃。它表现着无限的寂静，也同时表示着是自然最深最后的结构。有如柏拉图的观念，纵然天地毁灭，此山此水的观念是毁灭不动的。

中国人感到这宇宙的深处是无形无色的虚空，而这虚空却是万物的源泉，万动的根本，生生不已的创造力。老、庄名之为"道"、为"自然"、为"虚无"，儒家名之为"天"。万象皆从空虚中来，向空虚中去。所以纸上的空白是中国画真正的画底。西洋油画先用颜色全部涂抹画底，然后在上面依据远近法或名透视法（Perspective）幻现出目睹手可捉摸的真景。它的境界是世界中有限的具体的一域。中国画则在一片空白上随意布放几个人物，不知是人物在空间，还是空间因人物而显。人与空间，溶成一片，俱是无尽的气韵生动。我们觉得在这无边的世界里，只有这几个人，并不嫌其少。而这几个人在这空白的环境里，并不觉得没有世界。因为中国画底的空白在画的整个的意境上并不是真空，乃正是宇宙灵气往来，生命流动之处。笪重光说："虚实相生，无画处皆成妙境。"这无画处的空白正是老、庄宇宙观中的"虚无"。它是万象的源泉、万动的根本。中国山水画是最客观的，超脱了小己主观地位的远近法以写大自然千里山川。或是登高远眺云山烟景、无垠的太空、浑茫的大气，整个的无边宇宙是这一片云山的背景。中国画家不是以一区域具体的自然景物为"模特儿"，对坐而描摹之，使画境与观者、作者相对立。中国画的山水往往是一片荒寒，恍如原始的天地，不见人迹，没有作者，亦没有观者，纯然一块自然本体、自然生命。所以虽然也有阴阳明暗，远近大小，但却不是站立在一固定的观点所看见的 Plastic（造型的）形色阴影如西洋油画。西画、中画观照宇宙的立场与出发点根本不同。一是具体可捉摸的空间，由线条与光线表现（西洋油色的光彩使画境空灵生动。中国颜色单纯而无光，不及油画，乃另求方法，于是以水墨渲染为重）。一是浑茫的太空无边的宇宙，此中景物有明暗而无阴影。有人欲融合中、西画法于一张画面的，结果无不失败，因为没有注意这宇宙立场的不同。清代的朗世宁、现代的陶冷月就是个例子（西洋印象派乃是写个人主观立场的印象，表现派是主观幻想情感的表现，而中画是客观的自然生命，不能混为一谈）。中国画中不是没有作家个性的表现，他的心灵特性是早已全部化在笔墨里面。有时亦或寄托于一二人物，浑然坐忘于山水中间，如树、如石、如水、如云，是大自然的一体。

所以中国宋元山水画是最写实的作品，而同时是最空灵的精神表现，心灵与自然完全合一。花鸟画所表现的亦复如是。勃莱克的诗句："一沙一世界，一花一天国"，真可以用来咏赞一幅精妙的宋人花鸟。一天的春色寄托在数点桃花，二三水鸟启示着自然的无限生机。中国人不是像浮士德"追求"着"无限"，乃是在一丘一壑、一花一鸟中发现了无限，表现了无限，所以他的态度是悠然意远而又怡然自足的。他是超脱的，但又不是出世的。他的画是讲求空灵的，但又是极写实的。他以气韵生动为理想，但又要充满着静气。一言蔽之，他是最超越自然而又最切近自然，是世界最心灵化的艺术（德国艺术学者 O. Fischer 的批评），而同时是自然的本身。表现这种微妙艺术的工具是那最抽象最灵活的笔与墨。笔墨的运用，神妙无穷，也是千余年来各个画家的秘密，无数画学理论所发挥的。我们在此地不及详细讨论了。

中国有数千年绘画艺术光荣的历史，同时也有自公元第五世纪以来精深的画学。谢赫的《六法论》综合前人的理论，奠定后来的基础。以后画家、鉴赏家论画的著作浩如烟海。其中的精思妙论不仅是将来世界美学极重要的材料，也是了解中国文化心灵最重要的源泉（现代徐悲鸿画家写有《废话》一书，发挥中国艺术的真谛，颇有为前人所未道的，尚未付刊）。但可惜断金碎玉散于各书，没有系统的整理。今幸有郑午昌先生著《中国画学全史》，20余万字，综述中国绘画与画学的历史。黄懈园先生则将画法理论"分别部居，以类相比，勒为一书，俾天下学者治一书而诸书之粹义灿然在目"。两书帮助研究中国画理、画法很有意义。现在简单介绍于后，希望读者进一步看他们的原书。

郑午昌先生以五年的时间和精力来编纂《中国画学全史》，划分为四大时期，即：（一）实用时期；（二）礼教时期；（三）宗教化时期；（四）文学化时期。除周秦以前因绘画幼稚，资料不足，无法叙述外，自汉迄清划代为章。每章分四节：（一）概况，概论一代绘画的源流、派别及其盛衰的状况；（二）画迹，举各家名迹之已为鉴赏家所记录或曾经著者目睹而确有价值者集录之；（三）画家，叙一时代绘画宗匠之姓名、爵里、生卒年月；（四）画论，博采画家、鉴赏家论画的学说。其后又有附录四：（一）历代关于画学之著述；（二）历代各地画家百分比例表；（三）历代各种绘画盛衰比例表；（四）近代画家传略。

此书合画史、画论于一炉，叙述详明，条理周密，文笔畅达，理论与事实并重，诚是一本空前的著作。读者若细心阅过，必能对世界文化史上这一件大事——中国的绘画（与希腊的雕刻和德国的音乐鼎足而三的）——有相当的了解与认识。

历史的综合的叙述固然重要，但若有人从这些过分丰富的材料中系统的提选出各问题，将先贤的画法理论分门别类，罗列摘录，使读者对中国绘画中各主要问题一目了然，而在每问题的门类中合观许多论家各方面的意见，则不仅便利研究者，且为将来中国美学原理系统化之初步。

黄懈园先生的《山水画法类丛》就是这样的一本书。他因为"古人论画之书，多详于画评、画史，而略于画法，本书则专谈画法，而不及画评、画史。

根据各家学说，断以个人意见。"他这本书分上下篇，每篇分若干类，每类分若干段。每段各有题、以便读者检阅。上篇的内容列为五类：（一）局势——又分天地位置、远近大小、宾主、虚实等问题十四段；（二）笔墨——分名称、用笔轻重、繁简、用墨浓淡等问题二十四段；（三）景象——分明暗、阴暗、阴影、倒影等五段；（四）杂论——包含画品、画理、六法、十二忌、师古人与师自然、作画之修养、南北宗、西法之参用等问题共有二十九段。下篇则分画山、画石、皴染、画树、画云、画人等若干类。全书系统化的分类，惜乎著者没有说明其原理与标准，所以当然还有许多可以商榷改变的地方。但是著者用这分类的方法概述千余年来的画法理论，实在是便于学国画及研究画理者。尤其是每一门中罗列各家相反不同的意见，使研究者不致偏向一方，而真理往往是由辩证的方式阐明的。

（原刊《图书评论》1932 年 10 月第 1 卷第 2 期。）

精彩一句：

中国人感到这宇宙的深处是无形无色的虚空，而这虚空却是万物的源泉，万动的根本，生生不已的创造力。

广新品鉴：

中国画家与自然之间亲密无间，画自然，即画心。墨自胸中泼出，气行天地之际，精神舞蹈于宇宙之间。西方文明藉科学的利器，"向着无尽的宇宙作无止境的奋勉"，永无宁日；中国古人却用诗意的眼光，将世界的秘密看穿，在自然的怀抱中皈依，与自然共心跳，同呼吸。宗先生深谙中国传统文化之道，因此尽管奋勉，但名利不争、宠辱不惊，信步徜徉于美学的园地。虽无鸿篇巨制传世，但留下的一花一草，都尽显中国精神，弥足珍贵。

中国诗画中所表现的空间意识

现代德国哲学家斯宾格勒（O.Spengler）在他的名著《西方之衰落》里面曾经阐明每一种独立的文化都有他的基本象征物，具体地表象它的基本精神。在埃及是"路"，在希腊是"立体"，在近代欧洲文化是"无尽的空间"。这三种基本象征都是取之于空间境界，而他们最具体的表现是在艺术里面。埃及金字塔里的甬道，希腊的雕像，近代欧洲的最大油画家伦勃朗（Rembrandt）的风景，是我们领悟这三种文化的最深的灵魂之媒介。

我们若用这个观点来考察中国艺术，尤其是画与诗中所表现的空间意识，再拿来同别种文化作比较，是一极有趣味的事。我不揣浅陋作了以下的尝试。

西洋十四世纪文艺复兴初期油画家梵埃格（VanEyck）的画极注重写实、精细地描写人体、画面上表现屋宇内的空间，画家用科学及数学的眼光看世界。于是透视法的知识被发挥出来，而用之于绘画。意大利的建筑家勃鲁纳莱西（Brunellec）在十五世纪的初年已经深通透视法。阿卜柏蒂在他1436年出版的《画论》里第一次把透视的理论发挥出来。

中国十八世纪雍正、乾隆时，名画家邹一桂对于西洋透视画法表示惊异而持不同情的态度，他说："西洋人善勾股法，故其绘画于阴阳远近，不差锱黍，所画人物、屋树，皆有日影。其所用颜色与笔，与中华绝异。布影由阔而狭，以三角量之。画宫室于墙壁，令人几欲走进。学者能参用一二，亦其醒法。但笔法全无，虽工亦匠，故不入画品。"

邹一桂认为西洋的透视的写实的画法"笔法全无，虽工亦匠"，只是一种技巧，与真正的绘画艺术没有关系，所以"不入画品"。而能够入画品的画，即能"成画"的画，应是不采取西洋透视法的立场，而采沈括所说的"以大观小之法"。

早在宋代，一位博学家沈括在他名著《梦溪笔谈》里就曾讥评大画家李成采用透视立场"仰画飞檐"，而主张"以大观小之法"。他说："李成画山上亭馆及楼阁之类，皆仰画飞檐。其说以谓'自下望上，如人立平地望塔檐间，见其榱桷'。此论非也。大都山水之法，盖以大观小，如人观假山耳。若同真山之法，以下望上，只合见一重山，岂可重重悉见，兼不应见其溪谷间事。又如屋舍，亦不应见中庭及巷中事。若人在东立，则山西便合是远境。人在西立，则山东却合是远境。似此如何成画？李君盖不知以大观小之法，其间折高、折远，自有妙理，岂在掀屋角也？"

沈括以为画家画山水，并非如常人站在平地上在一个固定的地点，仰首看山；而是用心灵的眼，笼罩全景，从全体来看部分，"以大观小"。把全部景界组织成一幅气韵生动、有节奏有和谐的艺术画面，不是机械的照相。这画面上的空间组织，是受着画中全部节奏及表情所支配。"其间折高折远，自有妙理"。这就是说须服从艺术上的构图原理，而不是服从科学上算学的透视法原理。他并且以为那种依据透视法的看法只能看见片面，看不到全面，所以不能成画。他说"似此如何成画"？他若是生在今日，简直会不承认西洋传统的画是画，岂不有趣？

这正可以拿奥国近代艺术学者芮格（Riegl）所主张的"艺术意志说"来解释。中国画家并不是不晓得透视的看法，而是他的"艺术意志"不愿在画面上表现透视看法，只摄取一个角度，而采取了"以大观小"的看法，从全面节奏来决定各部分，组织各部分。中国画法六法上所说的"经营位置"，不是依据透视原理，而是"折高折远自有妙理'。全幅画面所表现的空间意识，是大自然的全面节奏与和谐。画家的眼睛不是从固定角度集中于一个透视的焦点，而是流动着飘瞥上下四方，一目千里，把握全境的阴阳开阖、高下起伏的节奏。中国最大诗人杜甫有两句诗表出这空、时意识说："乾坤万里眼，时序百年心。"《中庸》上也曾说："诗云：鸢飞戾天，鱼跃于渊，言其上下察也。"

中国最早的山水画家六朝刘宋时的宗炳（公元五世纪）曾在他的《画山水·序》里说山水画家的事务是：

> 身所盘桓，目所绸缪。
> 以形写形，以色貌色。

画家以流盼的眼光绸缪于身所盘桓的形形色色。所看的不是一个透视的焦点，所采的不是一个固定的立场，所画出来的是具有音乐的节奏与和谐的境界。所以宗炳把他画的山水悬在壁上，对着弹琴，他说：

> 抚琴动操，欲令众山皆响！

山水对他表现一个音乐的境界，就如他的同时的前辈那位大诗人音乐家嵇康，也是拿音乐的心灵去领悟宇宙、领悟"道"。嵇康有名句云：

> 目送归鸿，手挥五弦。
> 俯仰自得，游心太玄。

中国诗人、画家确是用"俯仰自得"的精神来欣赏宇宙，而跃入大自然的节奏里去"游心太玄"。晋代大诗人陶渊明也有诗云："俯仰终宇宙，不乐复何如！"

用心灵的俯仰的眼睛来看空间万象，我们的诗和画中所表现的空间意识，不是像那代表希腊空间感觉的有轮廓的立体雕像，不是像那表现埃及空间感的墓中的直线甬道，也不是那代表近代欧洲精神的伦勃朗的油画中渺茫无际追寻无着的深空，而是"俯仰自得"的节奏化的音乐化了的中国人的宇宙感。

《易经》上说："无往不复，天地际也。"这正是中国人的空间意识！

这种空间意识是音乐性的（不是科学的算学的建筑性的）。它不是用几何、三角测算来的，而是由音乐舞蹈体验来的。中国古代的所谓"乐"是包括着舞的。所以唐代大画家吴道子请裴将军舞剑以助壮气。

宋·郭若虚《图画见闻志》上说：

> 唐开元中，将军裴旻居丧，诣吴道子，请于东都天宫寺画神鬼数壁，以资冥助。道子答曰："吾画笔久废，若将军有意，为吾缠结，舞剑一曲，庶因猛厉，以通幽冥！"旻于是脱去缞服，若常时装束，走马如飞，左旋右转，掷剑入云，高数十丈，若电光下射。旻引手执鞘承之，剑透室而入。观者数千人，无不惊栗。道子于是援毫图壁，飒然风起，为天下之壮观。道子平生绘事，得意无出于此。

与吴道子同时的大书家张旭，也因观公孙大娘的剑器舞而书法大进。宋朝书家雷简夫因听着嘉陵江的涛声，而引起写字的灵感。雷简夫说："余偶昼卧，闻江涨瀑声。想波涛翻翻，迅驶掀撞，高下蹙逐奔去之状，无物可寄其情，遽起作书，则心中之想尽在笔下矣！"

节奏化了的自然，可以由中国书法艺术表达出来，就同音乐舞蹈一样。而中国画家所画的自然也就是这音乐境界。他的空间意识和空间表现就是"无往不复的天地之际"。不是由几何、三角所构成的西洋的透视学的空间，而是阴阳明暗高下起伏所构成的节奏化了的空间。董其昌说："远山一起一伏则有势，疏林或高或下则有情，此画之诀也。"

有势有情的自然是有声的自然。中国古代哲人曾以音乐的十二律配合一年十二月节季的循环。《吕氏春秋·大乐》篇说："万物所出，造于太一，化于阴阳。萌芽始震，凝漉以形。形体有处，莫不有声。声出于和，和出于适。和适，先王定乐，由此而生。"唐代诗人韦应物有诗云：

> 万物自生听，大空恒寂寥。

唐诗人沈佺期的《范山人画山水歌》云（见《佩文斋书画谱》）："山峥嵘，

水泓澄。漫漫汗汗一笔耕。一草一木栖神明。忽如空中有物，物中有声。复如远道望乡客，梦绕山川身不行！"

这是赞美范山人所画的山水好象空中的乐奏，表现一个音乐化的空间境界。宋代大批评家严羽在他的《沧浪诗话》里说唐诗人的诗中境界："如空中之音，相中之色，水中之月，镜中之像，言有尽而意无穷。"西人约柏特（Joubert）也说："佳诗如物之有香，空之有音，纯乎气息。"又说："诗中妙境，每字能如弦上之音，空外余波，袅袅不绝。"（据钱钟书译）

这种诗境界，中国画家则表之于山水画中。苏东坡论唐代大画家兼诗人王维说："味摩诘之诗，诗中有画。观摩诘之画，画中有诗。"

王维的画我们现在不容易看到（传世的有两三幅）。我们可以从诗中看他画境，却发现他里面的空间表现与后来中国山水画的特点一致！

王维的辋川诗有一绝句云：

> 北垞湖水北，杂树映朱栏，
> 逶迤南川水，明灭青林端。

在西洋画上有画大树参天者，则树外人家及远山流水必在地平线上缩短缩小，合乎透视法。而此处南川水却明灭于青林之端，不向下而向上，不向远而向近。和青林朱栏构成一片平面。而中国山水画家却取此同样的看法写之于画面。使西人诧中国画家不识透视法。然而这种看法是中国诗中的通例，如：

> 暗水流花径，春星带草堂。
> 卷帘唯白水，隐几亦青山。
> 白波吹粉壁，青嶂插雕梁。

——以上〔唐〕杜甫

> 天回北斗挂西楼。
> 檐飞宛溪水，窗落敬亭云。

——以上〔唐〕李白

水国舟中市，山桥树杪行。

——［唐］王维

窗影摇群动，墙阴载一峰。

——［唐］岑参

秋景墙头数点山。

——［唐］刘禹锡

窗前远岫悬生碧，帘外残霞挂熟红。

——［唐］罗虬

树杪玉堂悬。

——［唐］杜审言

江上晴楼翠霭开，满帘春水满窗山。

——［唐］李群玉

碧松梢外挂青天。

——［唐］杜牧

玉堂坚重而悬之于树杪，这是画境的平面化。青天悠远而挂之于松梢，这已经不止于世界的平面化，而是移远就近了。这不是西洋精神的追求无穷，而是饮吸无穷于自我之中！孟子曰："万物皆备于我矣，反身而诚，乐莫大焉。"宋代哲学家邵雍于所居作便坐，曰安乐窝，两旁开窗曰日月牖。正如杜甫诗云：

山河扶绣户，日月近雕梁。

深广无穷的宇宙来亲近我，扶持我，无庸我去争取那无穷的空间，像浮士德那样野心勃勃，彷徨不安。

中国人对无穷空间这种特异的态度，阻碍中国人去发明透视法。而且使中国画至今避用透视法。我们再在中国诗中征引那饮吸无穷空间于自我，网罗山川大地于门户的例证：

云生梁栋间，风出窗户里。

——［东晋］郭璞

绣甍结飞霞，璇题纳明月。

——［六朝］鲍照

窗中列远岫，庭际俯乔林。

——［六朝］谢朓

栋里归白云，窗外落晖红。

——［六朝］阴铿

画栋朝飞南浦云，珠帘暮卷西山雨。

——［初唐］王勃

窗含西岭千秋雪，门泊东吴万里船。

——［唐］杜甫

天入沧浪一钓舟。

——［唐］杜甫

欲回天地入扁舟。

——［唐］李商隐

大壑随阶转，群山入户登。

——［唐］王维

隔窗云雾生衣上，卷幔山泉入镜中。

——［唐］王维

山月临窗近，天河入户低。

——［唐］沈佺期

山翠万重当槛出，水光千里抱城来。

——［唐］许浑

三峡江声流笔底，六朝帆影落樽前。
山随宴坐图画出，水作夜窗风雨来。

——［宋］米芾

一水护田将绿绕，两山排闼送青来。

——［宋］王安石

满眼长江水，苍然何郡山？
向来万里急，今在一窗间。

——［宋］陈简斋

江山重复争供眼，风雨纵横乱入楼。

——［宋］陆放翁

水光山色与人亲。

——［宋］李清照

帆影多从窗隙过，溪光合向镜中看。

—— ［清］叶令仪

云随一磬出林杪，窗放群山到榻前。

—— ［清］谭嗣同

而明朝诗人陈眉公的含晖楼诗《咏日光》云："朝挂扶桑枝，暮浴咸池水，灵光满大千，半在小楼里。"更能写出万物皆备于我的光明俊伟的气象。但早在这些诗人以前，晋宋的大诗人谢灵运（他是中国第一个写纯山水诗的）已经在他的《山居赋》里写出这网罗天地于门户，饮吸山川于胸怀的空间意识。中国诗人多爱从窗户庭阶，词人尤爱从帘、屏、栏干、镜以吐纳世界景物。我们有"天地为庐"的宇宙观。老子曰："不出户，知天下。不窥牖，见天道。"庄子曰："瞻彼阕者，虚室生白。"孔子曰："谁能出不由户，何莫由斯道也？"中国这种移远就近，由近知远的空间意识，已经成为我们宇宙观的特色了。谢灵运《山居赋》里说：

抗北顶以葺馆，瞰南峰以启轩，

罗曾崖于户里，列镜澜于窗前。

因丹霞以颓楣，附碧云以翠椽。

——《宋书·谢灵运传》

六朝刘义庆的《世说新语》载：

简文帝（东晋）入华林园，顾谓左右曰："会心处不必在远，翳然林木，便自有濠濮间想也。觉鸟兽禽鱼，自来亲人！"

晋代是中国山水情绪开始与发达时代。阮籍登临山水，尽日忘归。王羲之既去官，游名山，泛沧海，叹曰："我卒当以乐死！"山水诗有了极高的造诣（谢灵运、陶渊明、谢朓等），山水画开始奠基。但是顾恺之、宗炳、王微已经显示出中国空间意识的特质了。宗炳主张"身所盘桓，目所绸缪，以形写形，以色貌色。"王微主张"以一管之笔拟太虚之体"。而人们遂能"以大观小"又能"小中见大"。人们把大自然吸收到庭户内。庭园艺术发达极高。庭园中罗列峰峦湖沼，俨然一个小天地。后来宋僧道灿的重阳诗句："天地一东篱，万古一重九。"正写出这境界。而唐诗人孟郊更歌唱这天地反映到我的胸中，艺术的形象是由我裁成的，他唱道：

> 天地入胸臆，吁嗟生风雷。
> 文章得其微，物象由我裁！

东晋陶渊明则从他的庭园悠然窥见大宇宙的生气与节奏而证悟到忘言之境。他的《饮酒》诗云：

> 结庐在人境，而无车马喧。
> 问君何能尔，心远地自偏。
> 采菊东篱下，悠然见南山。
> 山气日夕佳，飞鸟相与还。
> 此中有真味，欲辨已忘言！

中国人的宇宙概念本与庐舍有关。"宇"是屋宇，"宙"是由"宇"中出入往来。中国古代农人的农舍就是他的世界。他们从屋宇得到空间观念。从"日出而作，日入而息"（《击壤歌》），由宇中出入而得到时间观念。空间、时间合成他的宇宙而安顿着他的生活。他的生活是从容的，是有节奏的。对于他空间与时间是不能分割的。春夏秋冬配合着东南西北。这个意识表现在秦汉的哲学思想里。时间的节奏（一岁，十二月二十四节）率领着空间方位（东南西北等）以构成我们的宇宙。所以我们的空间感觉随着我们的时间感觉而节奏化了、音乐化了！画家在画面所欲表现的不只是一个建筑意味的空间"宇"，而需同时具有音乐意味的时间节奏"宙"。一个充满音乐情趣的宇宙（时空合一体）是中国画家、诗人的艺术境界。画家、诗人对这个宇宙的态度，是像宗炳所说的"身所盘桓，目所绸缪，以形写形，以色貌色。"六朝刘勰在他的名著《文心雕龙》

里也说到诗人对于万物是：

> 目既往还，心亦吐纳。……情往似赠，兴味如答。

"目所绸缪"的空间景是不采取西洋透视看法集合于一个焦点，而采取数层视点以构成节奏化的空间。这就是中国画家的"三远"之说。"目既往还"的空间景是《易经》所说"无往不复，天地际也。"我们再分别论之。

宋画家郭熙所著《林泉高致·山川训》云：

> 山有三远：自山下而仰山巅，谓之高远。自山前而窥山后，谓之深远。自近山而望远山，谓之平远。高远之色清明，深远之色重晦，平远之色有明有晦。高远之势突兀，深远之意重叠，平远之意冲融而缥缥缈缈。其人物之在三远也，高远者明了，深远者细碎，平远者冲澹。明了者不短，细碎者不长，冲澹者不大。此三远也。

西洋画法上的透视法是在画面上依几何学的测算构造一个三进向的空间的幻景。一切视线集结于一个焦点（或消失点）。正如邹一桂所说："布影由阔而狭，以三角量之。画宫室于墙壁，令人几欲走进。"而中国"三远"之法，则对于同此一片山景"仰山巅，窥山后，望远山"，我们的视线是流动的，转折的。由高转深，由深转近，再横向于平远，成了一个节奏化的行动。郭熙又说："正面溪山林木，盘折委曲，铺设其景而来，不厌其详，所以足人目之近寻也。傍边平远，峤岭重叠，钩连缥缈而去，不厌其远，所以极人目之旷望也。"他对于高远、深远、平远，用俯仰往还的视线，抚摩之，眷恋之，一视同仁，处处流连。这与西洋透视法从一固定角度把握"一远"，大相径庭。而正是宗炳所说的"目所绸缪，身所盘桓"的境界。苏东坡诗云："赖有高楼能聚远，一时收拾与闲人。"真能说出中国诗人、画家对空间的吐纳与表现。

由这"三远法"所构的空间不复是几何学的科学性的透视空间，而是诗意的创造性的艺术空间。趋向着音乐境界，渗透了时间节奏。它的构成不依据算学，而依据动力学。清代画论家华琳名之曰"推"。（华琳生于乾隆五十六年，卒于道光三十年）华琳在他的《南宗抉秘》里有一段论"三远法"，极为精彩。可惜还不为人所注意。兹不惜篇幅，详引于下，并略加阐扬。华琳说：

旧谱论山有三远："云自下而仰其巅曰高远。自前而窥其后曰深远。自近而望及远曰平远。"此三远之定名也。又云："远欲其高，当以泉高之。远欲其深，当以云深之。远欲其平，当以烟平之。"此三远之定法也。乃吾见诸前辈画，其所作三远山，间有将泉与云颠倒用之者，又或有泉与云与烟一无所用者，而高者自高，深者自深，平者自平，于旧谱所论，大相径庭，何也？因详加揣测，悉心临摹，久而顿悟其妙。盖有推法焉！局架独耸，虽无泉而已具自高之势。层次加密，虽无云而已有可深之势。低褊其形，虽无烟而已成必平之势。高也深也平也，因形取势。胎骨既定，纵欲不高不深不平而不可得。惟三远为不易！然高者由卑以推之，深者由浅以推之，至于平则必不高，仍须于平中之卑处以推及高。平则必不深，亦须于平中之浅处以推及深。推之法得，斯远之神得矣！（白华按："推"是由线纹的力的方向及组织以引动吾人空间深远平之感入。不由几何形线的静的透视的秩序，而由生动线条的节奏趋势以引起空间感觉。如中国书法所引起的空间感。我名之为力线律动所构的空间境。如现代物理学所说的电磁野）但以堆叠为推，以穿斫为推则不可！或曰："将何以为推乎？"余曰"似离而合四字实推之神髓。（按：似离而合即有机的统一。化空间为生命境界，成了力线律动的原野）假使以离为推，致彼此间隔，则是以形推，非以神推也。（按：西洋透视法是以离为推也）且亦有离开而仍推不远者！况通幅邱壑无处处间隔之理，亦不可无离开之神。若处处合成一片，高与深与平，又皆不远矣。似离而合，无遗蕴矣！"或又曰："似离而合，毕竟以何法取之？"余曰："无他，疏密其笔，浓淡其墨，上下四旁，明晦借映。以阴可以推阳，以阳亦可以推阴。直观之如决流之推波，睨视之如行云之推月，无往非以笔推，无往非以墨推。似离而合之法得，即推之法得。远之法亦即尽于是矣。"乃或又曰，"凡作画何处不当疏密其笔，浓淡其墨，岂独推法用之乎？"不知遇当推之势，作者自宜别有经营。于疏密其笔，浓淡其墨之中，又绘出一段斡旋神理，倒转乎缩地勾魂之术，捉摸于探幽扣寂之乡。似于他处之疏密浓淡，其作用较为精细。此是悬解，难以专注。必欲实实指出，又何异以泉以云以烟者拘泥之见乎？

华琳提出"推"字以说明中国画面上"远"之表出。"远"不是以堆叠穿斫的几何学的机械式的透视法表出。而是由"似离而合"的方法视空间如一有机统一的生命境界。由动的节奏引起我们跃入空间感觉。直观之如决流之推波，睨视之如行云之推月。全以波动力引起吾人游于一个"静而与阴同德，动而与阳同波"（庄子语）的宇宙。空间意识油然而生，不待堆叠穿斫，测量推度，而自然涌现了！这种空间的体验有如鸟之拍翅，鱼之泳水，在一开一阖的节奏中完成。所以中国山水的布局，以三四大开阖表现之。

中国人的最根本的宇宙观是《周易传》上所说的"一阴一阳之谓道"。我们画面的空间感也凭借一虚一实、一明一暗的流动节奏表达出来。虚（空间）同实（实物）联成一片波流，如决流之推波。明同暗也联成一片波动，如行云之推月。这确是中国山水画上空间境界的表现法。而王船山所论王维的诗法，更可证明中国诗与画中空间意识的一致。王船山《诗绎》里说："右丞妙手能使在远者近，抟虚成实，则心自旁灵，形自当位。"使在远者近，就是像我们前面所引各诗中移远就近的写景特色。我们欣赏山水画，也是抬头先看见高远的山峰，然后层层向下，窥见深远的山谷，转向近景林下水边，最后横向平远的沙滩小岛。远山与近景构成一幅平面空间节奏，因为我们的视线是从上至下的流转曲折，是节奏的动。空间在这里不是一个透视法的三进向的空间，以作为布置景物的虚空间架，而是它自己也参加进全幅节奏，受全幅音乐支配着的波动。这正是抟虚成实，使虚的空间化为实的生命。于是我们欣赏的心灵，光被四表，格于上下。"神理流于两间，天地供其一目。"（王船山《论谢灵运诗》语）而万物之形在这新观点内遂各有其新的适当的位置与关系。这位置不是依据几何、三角的透视法所规定，而是如沈括所说的"折高折远自有妙理"。不在乎掀起屋角以表示自下望上的透视。而中国画在画台阶、楼梯时反而都是上宽而下窄，好象是跳进画内站到阶上去往下看。而不是像西画上的透视是从欣赏者的立脚点向画内看去，阶梯是近阔而远狭，下宽而上窄。西洋人曾说中国画是反透视的。他不知我们是从远向近看，从高向下看，所以"折高折远自有妙理"，另是一套构图。我们从既高且远的心灵的眼睛"以大观小"，俯仰宇宙，正如明朝沈灏《画麈》里赞美画中的境界说：

> 称性之作，直操造化。盖缘山河大地，品类群生，皆自性现。其间卷舒取舍，如太虚片云，寒塘雁迹而已。

画家胸中的万象森罗，都从他的及万物的本体里流出来，呈现于客观的画面。它们的形象位置一本乎自然的音乐，如片云舒卷，自有妙理，不依照主观的透视看法。透视学是研究人站在一个固定地点看出去的主观景界，而中国画家、诗人宁采取"俯仰自得，游心太玄"，"目既往还，心亦吐纳"的看法，以达到"澄怀味像"。（画家宗炳语）这是全面的客观的看法。

早在《周易》的《系辞》的传里已经说古代圣哲是"仰则观象于天，俯则观法于地，观鸟兽之文与地之宜。近取诸身，远取诸物。"俯仰往还，远近取与，是中国哲人的观照法，也是诗人的观照法。而这观照法表现在我们的诗中画中，构成我们诗画中空间意识的特质。

诗人对宇宙的俯仰观照由来已久，例证不胜枚举。汉苏武诗："俯观江汉流，仰视浮云翔。"魏文帝诗："俯视清水波，仰看明月光。"曹子建诗："俯降千仞，仰登天阻。"晋王羲之《兰亭诗》："仰视碧天际，俯瞰绿水滨。"又《兰亭集叙》："仰观宇宙之大，俯察品类之盛，所以游目骋怀，足以极视听之娱，信可乐也。"谢灵运诗："仰视乔木杪，俯聆大壑淙。"而左太冲的名句"振衣千仞冈，濯足万里流"，也是俯仰宇宙的气概。诗人虽不必直用俯仰字样，而他的意境是俯仰自得，游目骋怀的。诗人、画家最爱登山临水。"欲穷千里目，更上一层楼"，是唐诗人王之涣名句。所以杜甫尤爱用"俯"字以表现他的"乾坤万里眼，时序百年心"。他的名句如："游目俯大江"，"层台俯风渚"，"扶杖俯沙渚"，"四顾俯层巅"，"展席俯长流"，"傲睨俯峭壁"，"此邦俯要冲"，"江缆俯鸳鸯"，"缘江路熟俯青郊"，"俯视但一气，焉能辨皇州"等，用"俯"字不下十数处。"俯"不但联系上下远近，且有笼罩一切的气度。古人说：赋家之心，包括宇宙。诗人对世界是抚爱的、关切的，虽然他的立场是超脱的、洒落的。晋唐诗人把这种观照法递给画家，中国画中空间境界的表现遂不得不与西洋大异其趣了。

中国人与西洋人同爱无尽空间（中国人爱称太虚太空无穷无涯），但此中有很大的精神意境上的不同。西洋人站在固定地点，由固定角度透视深空，他的视线失落于无穷，驰于无极。他对这无穷空间的态度是追寻的、控制的、冒险的、探索的。近代无线电、飞机都是表现这控制无限空间的欲望。而结果是彷徨不安，欲海难填。中国人对于这无尽空间的态度却是如古诗所说的："高山仰止，景行行止，虽不能至，而心向往之。"人生在世，如泛扁舟，俯仰天地，容与中流，灵屿瑶岛，极目悠悠。中国人面对着平远之境而很少是一望无边的，像德国浪漫主义大画家菲德烈希（Friedrich）所画的杰作《海滨孤僧》那样，代表着对无穷空间的怅望。在中国画上的远空中必有数峰蕴藉，点缀空际，正如元人张秦娥诗云："秋水一抹碧，残霞几缕红，水穷云尽处，隐隐两三峰。"或以归雁晚鸦掩映斜阳。如陈国材诗云："红日晚天三四雁，碧波春水一双鸥。"我们向往无穷的心，须能有所安顿，归返自我，成一回旋的节奏。我们的空间意识的象征不是埃及的直线甬道，不是希腊的立体雕像，也不是欧洲近代人的无尽空间，而是漾洄委曲，绸缪往复，遥望着一个目标的行程（道）！我们的宇宙是时间率领着空间，因而成就了节奏化、音乐化了的"时空合一体"。这是"一阴一阳之谓道"。《诗经》上蒹葭三章很能表出这境界。其第一章云："蒹葭苍苍，白露为霜。所谓伊人，在水一方。溯洄从之，道阻且长。溯游从之，宛在水中央。"而我们前面引过的陶渊明的《饮酒》诗尤值得我们再三玩味：

采菊东篱下，悠然见南山。
山气日夕佳，飞鸟相与还。
此中有真意，欲辨已忘言！

中国人于有限中见到无限，又于无限中回归有限。他的意趣不是一往不返，而是回旋往复的。唐代诗人王维的名句云："行到水穷处，坐看云起时。"韦庄诗云："去雁数行天际没，孤云一点净中生。"储光羲的诗句云："落日登高屿，悠然望远山，溪流碧水去，云带清阴还。"以及杜甫的诗句："水流心不静，云在意俱迟。"都是写出这"目既往还,心亦吐纳,情往似赠,兴来如答"的精神意趣。"水流心不静"是不像欧洲浮士德精神的追求无穷。"云在意俱迟",是庄子所说的"圣人达绸缪,周遍一体也"。也就是宗炳"目所绸缪"的境界。中国人抚爱万物,与万物同其节奏:静而与阴同德,动而与阳同波(《庄子》语)。我们宇宙既是一阴一阳、一虚一实的生命节奏,所以它根本上是虚灵的时空合一体,是流荡着的生动气韵。哲人、诗人、画家,对于这世界是"体尽无穷而游无朕"。(《庄子》语)"体尽无穷"是已经证入生命的无穷节奏,画面上表出一片无尽的律动,如空中的乐奏。"而游无朕",即是在中国画的底层的空白里表达着本体"道"(无朕境界)。庄子曰:"瞻彼阙(空处)者,虚室生白。"这个虚白不是几何学的空间间架,死的空间,所谓顽空,而是创化万物的永恒运行着的道。这"白"是"道"的吉祥之光(见《庄子》)。宋朝苏东坡之弟苏辙在他《论语解》内说得好:

> 贵真空,不贵顽空。盖顽空则顽然无知之空,木石是也。若真空,则犹之天焉!湛然寂然,元无一物,然四时自尔行,百物自尔生。粲为日星,溽为云雾。沛为雨露,轰为雷霆。皆自虚空生。而所谓湛然寂然者自若也。

苏东坡也在诗里说:"静故了群动,空故纳万境。"这纳万境与群动的"空"即是道。即是老子所说"无",也就是中国画上的空间。老子曰:

> 道之为物,惟恍惟惚。
> 惚兮恍兮,其中有象。
> 恍兮恍兮,其中有物。
> 窈兮冥兮,其中有精。
> 其精甚真,其中有信。
>
> ——《老子·二十一章》

这不就是宋代的水墨画,如米芾云山所表现的境界吗?

杜甫也自夸他的诗"篇终接混茫"。庄子也曾赞"古之人在混茫之中"。明末思想家兼画家方密之自号"无道人"。他画山水淡烟点染，多用秃笔，不甚求似。尝戏示人曰："若猜此何物？此正无道人得'无'处也！"

中国画中的虚空不是死的物理的空间间架，俾物质能在里面移动，反而是最活泼的生命源泉。一切物象的纷纭节奏从他里面流出来！我们回想到前面引过的唐诗人韦应物的诗："万物自生听，太空恒寂寥。"王维也有诗云："徒然万象多，澹尔太虚缅。"都能表明我所说的中国人特殊的空间意识。

而李太白的诗句："地形连海尽，天影落江虚"，更有深意。有限的地形接连无涯的大海，是有尽融入无尽。天影虽高，而俯落江面，是自无尽回注有尽，使天地的实相变为虚相，点化成一片空灵。宋代哲学家程伊川曰："冲漠无朕，而万象昭然已具。"昭然万象以冲漠无朕为基础。老子曰："大象无形"。诗人、画家由纷纭万象的摹写以证悟到"大象无形"。用太空、太虚、无、混茫，来暗示或象征这形而上的道，这永恒创化着的原理。中国山水画在六朝初萌芽时画家宗炳绘所游历山川于壁上曰："老病俱至，名山恐难遍游，唯当澄怀观道，卧以游之！"这"道"就是实中之虚，即实即虚的境界。明画家李日华说："绘画必以微茫惨淡为妙境，非性灵廓彻者未易证入，以虚淡中含意多耳！"

宗炳在他的《画山水·序》里已说到"山水质有而趋灵"。所以明代徐文长赞夏圭的山水卷说："观夏圭此画，苍洁旷迥，令人舍形而悦影！"我们想到老子说过"五色令人目盲，"又说："玄之又玄，众妙之门"（玄，青黑色）也是舍形而悦影，舍质而趋灵。王维在唐代彩色绚烂的风气中高唱"画道之中水墨为上"。连吴道子也行笔磊落，于焦墨痕中略施微染，轻烟淡彩，谓之吴装。当时中国画受西域影响，壁画色彩，本是浓丽非常。现在敦煌壁画，可见一斑。而中国画家的"艺术意志"却舍形而悦影，走上水墨的道路。这说明中国人的宇宙观是"一阴一阳之谓道"，道是虚灵的，是出没太虚自成文理的节奏与和谐。画家依据这意识构造他的空间境界，所以和西洋传统的依据科学精神的空间表现自然不同了。宋人陈涧上赞美画僧觉心说："虚静师所造者道也。放乎诗，游戏乎画，如烟云水月，出没太虚，所谓风行水上，自成文理者也。"（见邓椿《画继》）

中国画中所表现的万象，正是出没太虚而自成文理的。画家由阴阳虚实谱出的节奏，虽涵泳在虚灵中，却绸缪往复，盘桓周旋，抚爱万物，而澄怀观道。

清初周亮工的《读画录》中载庄淡庵题凌又惠画的一首诗，最能道出我上面所探索的中国诗画所表现的空间意识。诗云：

> 性僻羞为设色工，聊将枯木写寒空。
> 洒然落落成三径，不断青青聚一丛。
> 人意萧条看欲雪，道心寂历悟生风。
> 低徊留得无边在，又见归鸦夕照中。

中国人不是向无边空间作无限制的追求，而是"留得无边在"，低徊之，玩味之，点化成了音乐。于是夕照中要有归鸦。"众鸟欣有托，吾亦爱吾庐。"（陶渊明诗）我们从无边世界回到万物，回到自己，回到我们的"宇"。"天地入吾庐"，也是古人的诗句。但我们却又从"枕上见千里，窗中窥万室。"（王维诗句）神游太虚，超鸿蒙，以观万物之浩浩流衍，这才是沈括所说的"以大观小"！

清人布颜图在他的《画学心法问答》里一段话说得好：

"问布置之法。曰：所谓布置者，布置山川也。宇宙之间，惟山川为大。始于鸿蒙，而备于大地。人莫究其所以然。但拘拘于石法树法之间，求长觅巧，其为技也不亦卑乎？制大物必用大器。故学之者当心期于大。必先有一段海阔天空之见，存于有迹之内，而求于无迹之先。无迹者鸿蒙也，有迹者大地也。有斯大地而后有斯山川，有斯山川而后有斯草木，有斯草木而后有斯鸟兽生焉，黎庶居焉。斯固定理昭昭也。今之学者……必须意在笔先，铺成大地，创造山川。其远近高卑，曲折深浅，皆令各得其势而不背，则格制定矣。"又说："学经营位置而难于下笔，以素纸为大地，以炭朽为鸿钧，以主宰为造物。用心目经营之，谛视良久，则纸上生情，山川恍惚，即用炭朽钩取之，转视则不可复得矣！……此《易》之所谓寂然不动感而后通者此也。"这是我们先民的创造气象！对于现代的中国人，我们的山川大地不仍是一片音乐的和谐吗？我们的胸襟不应当仍是古画家所说的"海阔凭鱼跃，天高任鸟飞"吗？我们不能以大地为素纸，以学艺为鸿钧，以良知为主宰，创造我们的新生活新世界吗？

（原刊《新中华》1949 年 5 月第 12 卷第 10 期。）

精彩一句：

画家由阴阳虚实谱出的节奏，虽涵泳在虚灵中，却绸缪往复，盘桓周旋，抚爱万物，而澄怀观道。

瑞明品鉴：

在空间意识的艺术表现上，中国画家与西方画家的表现截然异趣。其间的不同，究其根本，是人生观与宇宙观的差异，从而决定了画家看待世界、看待自然、看待自己的立场、态度与方法的不同。概括起来，西方画家是用科学及数学的眼光看世界，而中国画家是以心灵的眼光看世界。

中国人的空间意识来自现实的生活实践。中国人的宇宙概念与庐舍有关，是从屋宇得到空间观念的。"宇"是屋宇，"宙"是由"宇"中出入往来。在"日出而作，日入而息"的早期生活实践中，与宇宙同一节律，在天地人上下沟通中安顿着他的生活与时间、空间的节奏。这样的生活是从容的，是有节奏的。

俯仰往还，远近取与，是中国哲人的观照法，也是诗人的观照法。而这观照法表现在我们的诗画中，构成诗画中空间意识的特质。这种特质，具体说就是以大观小的视点、三远的构图、虚实结合的思维，合起来说就是"心灵的俯仰的眼睛"，因而在文学艺术中所表现的空间意识，就是"无往不复的天地之际"的一个充满音乐情趣的宇宙。相对于此，西方绘画是采取透视法，集合于一个焦点，而采取数层视点以构成节奏化的空间。这样的空间所表达的意识是由于站在固定地点，由固定角度透视深空，视线失落于无穷，驰于无极。是追寻的、控制的、冒险的、探索的态度，结果是彷徨不安，欲海难填，永远在探求之中。

所以，宗白华对中西艺术空间意识的探讨，最终还是探入了宇宙观人生观的文化根底。

略谈敦煌艺术的意义与价值

中国艺术有三个方向与境界。第一个是礼教的、伦理的方向。三代钟鼎和玉器都联系于礼教，而它的图案画发展为具有教育及道德意义的汉代壁画（如武梁祠壁画等），东晋顾恺之的女史箴，也还是属于这范畴。第二是唐宋以来笃爱自然界的山水花鸟，使中国绘画艺术树立了它的特色，获得了世界地位。然而正因为这"自然主义"支配了宋代的艺坛，遂使人们忘怀了那第三个方向，即从六朝到晚唐宋初的丰富的宗教艺术。这七、八百年的佛教艺术创造了空前绝后的佛教雕像。云冈、龙门、天龙山的石窟，尤以近来才被人注意的四川大足造像和甘肃麦积山造像。中国竟有这样伟大的雕塑艺术，其数量之多，地域之广，规模之大，造诣之深，都足以和希腊雕塑艺术争辉千古！而这艺术却被唐宋以来的文人画家所视而不见，就象西洋中古教士对于罗马郊区的古典艺术熟视无睹。

雕刻之外，在当时更热闹、更动人、更炫丽的是彩色的壁画，而当时画家的艺术热情表现于张图与跋异竞赛这段动人的故事：

五代时，张图，梁人，好丹青，尤长大像。梁龙德间，洛阳广爱寺沙门义暄，置金币，邀四方奇笔，画三门两壁。时处士跋异，号为绝笔，乃来应募。异方草定画样，图忽立其后曰："知跋君敏手，固来赞贰。"异方自负，乃笑曰："顾陆，吾曹之友也，岂须赞贰？"图愿绘右壁，不假朽约，搦管挥写，倏忽成折腰报事师者，从以三鬼。异乃瞪目踧踖，惊拱而言曰："子岂非张将军乎？"图捉管厉声曰："然。"异雍容而谢曰："此二壁非异所能也。"遂引退；图亦不伪让，乃于东壁画水仙一座，直视西壁报事师者，意思极为高远。然跋异固为善佛道鬼神称绝笔艺者，虽被斥于张将军；后又在福先寺大殿画护法善神，方朽约时，忽有一人来，自言姓李，滑台人，有名善画罗汉，乡里呼余为李罗汉，当与汝对画，角其巧拙。异恐如张图者流，遂固让西壁与之。异乃竭精仁恩，意与笔会，屹成一神，侍从严毅，而又设色鲜丽。李氏纵观异画，觉精妙入神非己所及，遂手足失措。由是异有得色，遂夸诧曰："昔见败于张将军，今取捷于李罗汉。"

这真是中国伟大的"艺术热情时代！"因了西域传来的宗教信仰的刺激及新技术的启发，中国艺人摆脱了传统礼教之理智束缚，驰骋他们的幻想，发挥他们的热力。线条、色彩、形象，无一不飞动奔放，虎虎有生气。"飞"是他们的精神理想，飞腾动荡是那时艺术境界的特征。

这个灿烂的佛教艺术，在中原本土，因历代战乱，及佛教之衰退而被摧毁消灭。富丽的壁画及其崇高的境界真是"如幻梦如泡影"，从衰退萎弱的民族心灵里消逝了。支持画家艺境的是残山剩水、孤花片叶。虽具清超之美而乏磅礴的雄图。天佑中国！在西陲敦煌洞窟里，竟替我们保留了那千年艺术的灿烂遗影。我们的艺术史可以重新写了！我们如梦初觉，发现先民的伟力、活力、热力、想象力。

这次敦煌艺术研究所辛苦筹备的艺展，虽不能代替我们必需有一次的敦煌之游，而临摹的逼真，已经可以让我们从"一粒沙中窥见一个世界，一朵花中欣赏一个天国"了！

最使我们感兴趣的是敦煌壁画中的极其生动而具有魔性的动物画，我们从一些奇禽异兽的泼辣的表现里透进了世界生命的原始境界，意味幽深而沉厚。现代西洋新派画家厌倦了自然表面的刻画，企求自由天真原始的心灵去把握自然生命的核心层。德国画家马尔克（F. Marc）震惊世俗的《蓝马》，可以同这里的马精神相通。而这里《释尊本生故事图录》的画风，尤以"游观农务"一幅简直是近代画家盎利卢骚（Henri Rousseau）的特异的孩稚心灵的画境。几幅力士像和北魏乐伎像的构图及用笔，使我们联想到法国野兽派洛奥（Rouart）的拙厚的线条及中古教堂玻璃窗上哥提式的画像。而马蒂思（Matisse）这些人的线纹也可以在这里找到他们的伟大先驱。不过这里的一切是出自古人的原始感觉和内心的迸发，浑朴而天真。而西洋新派画家是在追寻着失去的天国，是有意识的回到原始意味。

敦煌艺术在中国整个艺术史上的特点与价值，是在它的对象以人物为中心，在这方面与希腊相似。但希腊的人体的境界和这里有一个显著的分别。希腊的人像是着重在"体"，一个由皮肤轮廓所包的体积。所以表现得静穆稳重。而敦煌人像，全是在飞腾的舞姿中（连立像、坐像的躯体也是在扭曲的舞姿中）；人像的着重点不在体积而在那克服了地心吸力的飞动旋律。所以身体上的主要衣饰不是贴体的衫褐，而是飘荡飞举的缠绕着的带纹（在北魏画里有全以带纹代替衣饰的）。佛背的火焰似的圆光，足下的波浪似的莲座，联合着这许多带纹组成一幅广大繁富的旋律，象征着宇宙节奏，以容包这躯体的节奏于其中。这是敦煌人像所启示给我们的中西人物画的主要区别。只有英国的画家勃莱克的《神曲》插画中人物，也表现这同样的上下飞腾的旋律境界。近代雕刻家罗丹也摆脱了希腊古典意境，将人体雕像谱入于光的明暗闪灼的节奏中，而敦煌人像却系融化在线纹的旋律里。敦煌的艺境是音乐意味的，全以音乐舞蹈为基本情调，《西方净土变》的天空中还飞跃着各式乐器呢。

艺展中有唐画山水数幅，大可以帮助中国山水画史的探索，有一二幅令人想象王维的作风，但它们本身也都具有拙厚天真的美。在艺术史上，是各个阶段、各个时代"直接面对着上帝"的，各有各的境界与美。至少我们欣赏者应该拿这个态度去欣领他们的艺术价值。而我们现代艺术家能从这里获得深厚的启发，鼓舞创造的热情，是毫无疑义的。至于图案设计之繁富灿美也表示古人的创造的想象力之活跃，一个文化丰盛的时代，必能发明无数图案，装饰他们的物质背景，以美化他们的生活。

（原刊《观察》（周刊）1948 年 9 月第 5 卷第 4 期。）

精彩一句：

一个文化丰盛的时代，必能发明无数图案，装饰他们的物质背景，以美化他们的生活。

文风品鉴：

中国幅员辽阔，历史悠久，文化丰富且深厚。宗先生目睹敦煌艺术殿堂时，不禁惊呼："天佑中国！"

敦煌艺术是中原文化在西域文化冲击下形成的别具风貌的文化瑰宝。敦煌艺术最大的特点与价值是人物的表现。敦煌人像带纹飞扬，充满动感和韵律。其飞腾的舞姿，不经意流泻出意味幽深而深沉厚重的浑朴天真。

宗白华盛赞敦煌这个辉煌的艺术之宫，所呈现的中华先民的伟力、活力、热力、想象力。他认为，敦煌的艺境是音乐的，可见中国传统艺术不只营造静的意境，它也营造繁富灿烂的飞动的旋律！

中国古代的音乐寓言与音乐思想

寓言，是有所寄托之言。《史记》上说："庄周著书十余万言，大抵率寓言也。"庄周书里随处都见到用故事、神话来说出他的思想和理解。我这里所说的寓言包括神话、传说、故事。音乐是人类最亲密的东西，人有口有喉，自己会吹奏歌唱；有手可以敲打、弹拨乐器；有身体动作可以舞蹈。音乐这门艺术可以备于人的一身，无待外求。所以在人群生活中发展得最早，在生活里的势力和影响也最大。诗、歌、舞及拟容动作，戏剧表演，极早时就结合在一起。但是对我们最亲密的东西并不就是最被认识和理解的东西，所谓"百姓日用而不知"。所以古代人民对音乐这一现象感到神奇，对它半理解半不理解。尤其是人们在很早就在弦上管上发见音乐规律里的数的比例，那样严整，叫人惊奇。中国人早就把律、度、量、衡结合，从时间性的音律来规定空间性的度量，又从音律来测量气候，把音律和时间中的历结合起来。（甚至于凭音来测地下的深度，见《管子》）太史公在《史记》里说："阴阳之施化，万物之终始，既类旅于律吕，又经历于日辰，而变化之情可见矣。"变化之情除数学的测定外，还可以律吕来把握。

希腊哲学家毕达哥拉斯发现琴弦上的长短和音高成数的比例，他见到我们情感体验里最深秘难传的东西——音乐，竟和我们脑筋里把握得最清晰的数学有着奇异的结合，觉得自己是窥见宇宙的秘密了。后来西方科学就凭数学这把钥匙来启开大自然这把锁，音乐却又是直接地把宇宙的数理秩序诉之于情感世界，音乐的神秘性是加深了，不是减弱了。

音乐在人类生活及意识里这样广泛而深刻的影响，就在古代以及后来产生了许多美丽的音乐神话、故事传说。哲学家也用音乐的寓言来寄寓他的最深难表的思想，像庄子。欧洲古代，尤其是近代浪漫派思想家、文学家爱好音乐，也用音乐故事来表白他们的思想，像德国文人蒂克的小说。

我今天就是想谈谈音乐故事、神话、传说，这里寄寓着古代对音乐的理解和思想。我总合地称它们做音乐寓言。太史公在《史记》上说庄子书中大抵是寓言，庄子用丰富、活泼、生动、微妙的寓言表白他的思想，有一段很重要的音乐寓言，我也要谈到。

先谈谈音乐是什么？《礼记》里《乐记》上说得好："凡音之起，由人心生也。人心之动，物使之然也。感于物而动，故形于声。声相应，故生变，变成方，谓之音。比音而乐之，及干戚羽旄，谓之乐。"

构成音乐的音，不是一般的嘈声、响声，乃是"声相应，故生变，变成方，谓之音"。是由一般声里提出来的，能和"声相应"，能"变成方"，即参加了乐律里的音。所以《乐记》又说："声成文，谓之音。"乐音是清音，不是凡响。由乐音构成乐曲，成功音乐形象。

这种合于律的音和音组织起来，就是"比音而乐之"，它里面含着节奏、和声、旋律。用节奏、和声、旋律构成的音乐形象，和舞蹈、诗歌结合起来，就在绘画、雕塑、文学等造型艺术以外，拿它独特的形式传达生活的意境，各种情感的起伏节奏。一个堕落的阶级，生活颓废，心灵空虚，也就没有了生活的节奏与和谐。他们的所谓音乐就成了嘈声杂响，创造不出旋律来表现有深度有意义的生命境界。节奏、和声、旋律是音乐的核心，它是形式，也是内容。它是最微妙的创造性的形式，也就启示着最深刻的内容，形式与内容在这里是水乳难分了。音乐这种特殊的表现和它的深厚的感染力使得古代人民不断地探索它的秘密，用神话、传说来寄寓他们对音乐的领悟和理想。我现在先介绍欧洲的两个音乐故事。一个是古代的，一个是近代的。

古代希腊传说着歌者奥尔菲斯的故事说：歌者奥尔菲斯，他是首先给予木石以名号的人，他凭借这名号催眠了它们，使它们像着了魔，解脱了自己，追随他走。他走到一块空旷的地方，弹起他的七弦琴来，这空场上竟涌现出一个市场。音乐演奏完了，旋律和节奏却凝住不散，表现在市场建筑里。市民们在这个由音乐凝成的城市里来往漫步，周旋在永恒的韵律之中。歌德谈到这段神话时，曾经指出人们在罗马彼得大教堂里散步也会有这同样的经验，会觉得自己是游泳在石柱林的乐奏的享受中。所以在十九世纪初，德国浪漫派文学家口里流传着一句话说："建筑是凝冻着的音乐。"说这话的第一个人据说是浪漫主义哲学家谢林，歌德认为这是一个美丽的思想。到了十九世纪中叶，音乐理论家和作曲家姆尼兹·豪普德曼把这句话倒转过来，他在他的名著《和声与节拍的本性》里称呼音乐是"流动着的建筑"。这话的意思是说音乐虽是在时间里流逝不停的演奏着，但它的内部却具有着极严整的形式，间架和结构，依顺着和声、节奏、旋律的规律，像一座建筑物那样。它里面有着数学的比例。我现在再谈谈近代法国诗人梵乐希写了一本论建筑的书，名叫《优班尼欧斯或论建筑》。这里有一段对话，是叙述一位建筑师和他的朋友费得诺斯在郊原散步时的谈话，他对费说："听呵，费得诺斯，这个小庙，离这里几步路，我替赫尔墨斯建造的，假使你知道，它对我的意义是什么？当过路的人看见它，不外是一个丰姿绰约的小庙，——一件小东西，四根石柱在一单纯的体式中，——我在它里面却寄寓着我生命里一个光明日子的回忆，啊，甜蜜可爱的变化呀！这个窈窕的小庙宇，没有人想到，它是一个珂玲斯女郎的数学的造像呀！这个我曾幸福地恋爱着的女郎，这小庙是很忠实地复示着她的身体的特殊的比例，它为我活着。我寄寓于它的，它回赐给我。"费得诺斯说："怪不得它有这般不可思议的窈窕呢！人在它里面真能感觉到一个人格的存在，一个女子的奇花初放，一个可爱的人儿的音乐的和谐。它唤醒一个不能达到边缘的回忆。而这个造型的开始——它的完成是你所占有的——已经足够解放心灵同时惊撼着它。倘使我放肆我的想象，我就要，你晓得，把它唤做一阕新婚的歌，里面夹着清亮的笛声，我现在已听到它在我内心里升起来了。"

这寓言里面有三个对象：

（一）一个少女的窈窕的躯体——它的美妙的比例，它的微妙的数学构造。

（二）但这躯体的比例却又是流动的，是活人的生动的节奏、韵律；它在人们的想象里展开成为一出新婚的歌曲，里面夹着清脆的笛声，闪灼着愉快的亮光。

（三）这少女的躯体，它的数学的结构，在她的爱人的手里却实现成为一座云石的小建筑，一个希腊的小庙宇。这四根石柱由于微妙的数学关系发出音响的清韵，传出少女的幽姿，它的不可模拟的谐和正表达着少女的体态。艺术家把他的梦寐中的爱人永远凝结在这不朽的建筑里，就像印度的夏吉汗为纪念他的美丽的爱妻塔姬建造了那座闻名世界的塔姬后陵墓。这一建筑在月光下展开一个美不可言的幽境，令人仿佛见到夏吉汗的痴爱和那不可再见的美人永远凝结不散，像一曲歌。

从梵乐希那个故事里，我们见到音乐和建筑和生活的三角关系。生活的经历是主体，音乐用旋律、和谐、节奏把它提高、深化、概括，建筑又用比例、匀衡、节奏，把它在空间里形象化。

这音乐和建筑里的形式美不是空洞的，而正是最深入地体现出心灵所把握到的对象的本质。就像科学家用高度抽象的数学方程式探索物质的核心那样。"真"和"美"，"具体"和"抽象"，在这里是出于一个源泉，归结到一个成果。

在中国的古代，孔子是个极爱音乐的人，也是最懂得音乐的人。《论语》上说他在齐闻韶，三月不知肉味。曰："不图为乐之至于斯也！"他极简约而精确地说出一个乐曲的构造。《论语·八佾》篇载：子语鲁太师乐曰："乐，其可知也；始作，翕如也。从之，纯如也。皦如也，绎如也。以成。"起始，众音齐奏。展开后，协调着向前演进，音调纯洁。继之，聚精会神，达到高峰，主题突出，音调响亮。最后，收声落调，余音袅袅，情韵不匮，乐曲在意味隽永里完成。这是多么简约而美妙的描述呀！

但是孔子不只是欣赏音乐的形式的美，他更重视音乐的内容的善。《论语·八佾》篇又记载："子谓韶，尽美矣，又尽善也。谓武，尽美矣，未尽善也。"这善不只是表现在古代所谓圣人的德行事功里，也表现在一个初生的婴儿的纯洁的目光里面。西汉刘向的《说苑》里记述一段故事说："孔子至齐郭门外，遇婴儿，其视精，其心正，其行端，孔子曰：'趣驱之，趣驱之，韶乐将作。'"他看见这婴儿的眼睛里天真圣洁,神一般的境界,非常感动,叫他的御者快些走近到他那里去,韶乐将升起了。他把这婴儿的心灵的美比做他素来最爱敬的韶乐,认为这是韶乐所启示的内容。由于音乐能启示这深厚的内容,孔子重视他的教育意义,他不要放郑声,因郑声淫,是太过,太刺激,不够朴质。他是主张文质彬彬的,主张绘事后素,礼同乐是要基于内容的美的。所以《子罕》篇记载他晚年说:"吾自卫反鲁,然后乐正,雅颂各得其所。"他的正乐,大概就是将三百篇的诗整理得能上管弦,而且合于韶武雅颂之音。

孔子这样重视音乐,了解音乐,他自己的生活也音乐化了。这就是生活里把"条理",规律与"活泼的生命情趣"结合起来,就像音乐把音乐形式同情感内容结合起来那样。所以孟子赞扬孔子说:"孔子,圣之时者也。孔子之谓集大成,集大成也者,金声而玉振之也。金声也者,始条理也。玉振之也者,终条理也。始条理者,智之事也。终条理者,圣之事也。智,譬则巧也;圣,譬则力也。由射于百步之外也,其至尔力也,其中,非尔力也。"力与智结合,才有"中"的可能。艺术的创造也是这样。艺术创作的完成,所谓"中",不是简单的事。"其中,非尔力也"。光有力还不能保证它的必"中"呢!

从我上面所讲的故事和寓言里,我们看见音乐可能表达的三方面。(一)是形象的和抒情的:一个爱人的躯体的美可以由一个建筑物的数学形象传达出来,而这形象又好像是一曲新婚的歌。(二)是婴儿的一双眼睛令人感到心灵的天真圣洁,竟会引起孔子认为韶乐将作。(三)是孔子的丰富的人格是形式与内容的统一,始条理终条理,像一金声而玉振的交响乐。

《乐记》上说:"歌者直己而陈德也。动己而天地应焉,四时和焉,星辰理焉,万物育焉。"中国古代人这样尊重歌者,不是和希腊神话里赞颂奥尔菲斯一样吗?但也可以从这里面看出它们的差别来。希腊半岛上城邦人民的意识更着重在城市生活里的秩序和组织,中国的广大平原的农业社会却以天地四时为主要环境,人们的生产劳动是和天地四时的节奏相适应。古人曾说,"同动谓之静",这就是说,流动中有秩序,音乐里有建筑,动中有静。

希腊从梭龙到柏拉图都曾替城邦立法,着重在齐同划一,中国哲学家却认为"乐者天地之和,礼者天地之序","大乐与天地同和,大礼与天地同节"(《乐记》),更倾向着"和而不同",气象宏廓,这就是更倾向"乐"的和谐与节奏。因而中国古代的音乐思想，从孔子的论乐、荀子的《乐论》到《礼记》里的《乐记》，——《乐记》里什么是公孙尼子的原来的著作，尚待我们研究，但其中却包含着中国古代极为重要的宇宙观念、政教思想和艺术见解。就像我们研究西洋哲学必须理解数学、几何学那样，研究中国古代哲学也要理解中国音乐思想。数学与音乐是中西古代哲学思维里的灵魂呀！（两汉哲学里的音乐思想和嵇康的《声无哀乐论》都极重要）数理的智慧与音乐的智慧构成哲学智慧。中国在哲学发展里曾经丧失了数学智慧与音乐智慧的结合，堕入庸俗。西方在毕达哥拉斯以后割裂了数学智慧与音乐智慧。数学孕育了自然科学，音乐独立发展为近代交响乐与歌剧，资产阶级的文化显得支离破碎。社会主义将为中国创造数学智慧与音乐智慧的新综合，替人类建立幸福的丰饶的生活和真正的文化。

我们在《乐记》里见到音乐思想与数学思想的密切结合。《乐记》上《乐象》篇里赞美音乐，说它"清明像天，广大像地，终始像四时，周旋像风雨，五色成文而不乱，八风从律而不奸，百度得数而有常。小大相成，终始相生，倡和清浊，迭相为经，故乐行而伦清，耳目聪明，血气和平，移风易俗，天下皆宁"。在这段话里见到音乐能够表象宇宙，内具规律和度数，对人类的精神和社会生活有良好影响，可以满足人们在哲学探讨里追求真、善、美的要求。音乐和度数和道德在源头上是结合着的。《乐记·师乙》篇上说："夫歌者直己而陈德也。动已而天地应焉，四诗和焉，星辰理焉，万物育焉。"德的范围很广，文治、武功、人的品德都是音乐所能陈述的德。所以《尚书·舜典》篇上说："帝曰：夔，命汝典乐，教胄子，直而温，宽而栗，刚而无虐，简而无傲。诗言志，歌永言，声依永，律和声，八音克谐，无相夺伦，神人以和。夔曰：於，予击石，拊石，百兽率舞。"

关于音乐表现德的形象，《乐记》上记载有关于大武的乐舞的一段，很详细，可以令人想见古代乐舞的"容"，这是表象周武王的武功，里面种种动作，含有戏剧的意味。同戏不同的地方就是乐人演奏时的衣服和舞时动作是一律相同的。这一段的内容是："且夫武，始而北出，再成而灭商，三成而南，四成而南国是疆，五成分，周公左，召公右，六成复缀，以崇。天子夹振之，而驷伐，盛威于中国也。分夹而进，事蚤济也。久立于缀，以待诸侯之至也。"郑康成注曰:"成,犹奏也,每奏武曲,一终为一成。始奏,像观兵盟津时也。再奏,像克殷时也。三奏,像克殷有余力而返也。四奏,像南方荆蛮之国侵畔者服也。五奏,像周公召公分职而治也。六奏,像兵还振旅也。复缀,反位止也。驷,当为四,声之误也。每奏四伐,一击一刺为一伐。分犹部曲也。事犹为也。济,成也。舞者各有部曲之列,又夹振之者,象用兵务于早成也。久立于缀,像武王伐纣待诸侯也。"(见《乐记·宾牟贾》篇)

我们在这里见到舞蹈、戏剧、诗歌和音乐的原始的结合。所以《乐象》篇文说:"德者,性之端也。乐者,德之华也。金石丝竹,乐之器也。诗,言其志也。歌,咏其声也。舞,动其容也。三者本于心,然后乐器从之。是故情深而文明,气盛而化神,和顺积中而英华发外,唯乐不可以为伪。"

古代哲学家认识到乐的境界是极为丰富而又高尚的,它是文化的集中和提高的表现。"情深而文明,气盛而化神,和顺积中而英华发外。"这是多么精神饱满,生活力旺盛的民族表现。"乐"的表现人生是"不可以为伪",就象数学能够表示自然规律里的真那样,音乐表现生活里的真。

我们读到东汉傅毅所写的《舞赋》,它里面有一段细致生动的描绘,不但替我们记录了汉代歌舞的实况,表出这舞蹈的多采而精妙的艺术性。而最难得的,是他描绘舞蹈里领舞女子的精神高超,意象旷远,就像希腊艺术家塑造的人像往往表现不凡的神境,高贵纯朴,静穆庄丽。但傅毅所塑造的形象却更能艳若春花,清如白鹤,令人感到华美而飘逸。这是在我以上所引述的几种音乐形象之外,另具一格的。我们在这些艺术形象里见到艺术净化人生,提高精神境界的作用。

王世襄同志曾把《舞赋》里这一段描绘译成语体文,刊载音乐出版社《民族音乐研究论文集》第一集。傅毅的原文收在《昭明文选》里,可以参看。我现在把译文的一段介绍于下,便于读者欣赏:

当舞台之上可以蹈踏出音乐来的鼓已经摆放好了,舞者的心情非常安闲舒适。她将神志寄托在遥远的地方,没有任何的挂碍。(原文:舒意自广,游心无垠,远思长想……)舞蹈开始的时候,舞者忽而俯身向下,忽而仰面向上,忽而跳过来,忽而跳过去。仪态是那样的雍容惆怅，简直难以用具体形象来形容。（原文：其始兴也，若俯若仰，若来若往，雍容惆怅，不可为象。）再舞了一会儿，她的舞姿又像要飞起来，又像在行走，又猛然耸立着身子，又忽地要倾斜下来。她不加思索的每一个动作，以至手的一指、眼睛的一瞥，都应着音乐的节拍。（原文：其少进也，若翱若行，若竦若倾，兀动赴度，指顾应声。）

　　轻柔的罗衣，随着风飘扬，长长的袖子，不时左右的交横，飞舞挥动，络绎不停，宛转裹绕，也合乎曲调的快慢。（原文：罗衣从风，长袖交横，骆驿飞散，飒擖合并。）她的轻而稳的姿势，好象栖歇的燕子，而飞跃时的疾速又象惊弓的鹄鸟。体态美好而柔婉，迅捷而轻盈，姿态真是美好到了极点，同时也显示了胸怀的纯洁。舞者的外貌能够表达内心——神志正在杳冥之处游行。（原文：鵾鹠燕居，拉擖鹄惊。绰约闲靡，机迅体轻，资绝伦之妙态，怀悫素之洁清，修仪操以显志分，独驰思乎杳冥。）当她想到高山的时候，便真峨峨然有高山之势；想到流水的时候，便真洋洋然有流水之情。（原文：在山峨峨，在水汤汤。）她的容貌随着内心的变化而改易，所以没有任何一点表情是没有意义而多余的。（原文：与志迁化，容不虚生。）乐曲中间有歌词，舞者也能将它充分表达出来，没有使得感叹激昂的情致受到减损。那时她的气概真像浮云般的高逸，她的内心，像秋霜般的皎洁。像这样美妙的舞蹈，使观众都称赞不止，乐师们也自叹不如。（原文：明诗表指（同旨），啧（同喟）息激昂。气若浮云，志若秋霜，观者增叹，诸工莫当。）

　　单人舞毕，接着是数人的鼓舞，她们挨着次序，登上鼓，跳起舞来，她们的容貌服饰和舞蹈技巧，一个赛过一个，意想不到的美妙舞姿也层出不穷。她们望着般鼓则流盼着明媚的眼睛，歌唱时又露出洁白的牙齿，行列和步伐，非常整齐。往来的动作。也都有所象征的内容，忽而回翔，忽而高耸。真仿佛是一群神仙在跳舞。拍着节奏的策板敲个不住，她们的脚趾踏在鼓上，也轻疾而不稍停顿，正在跳得往来悠悠然的时候，倏忽之间，舞蹈突然中止；等到她们回身再开始跳的时候，音乐换成了急促的节拍，舞者在鼓上做出翻腾跪跌种种姿态，灵活委宛的腰支，能远远地探出，深深地弯下，轻纱做成的衣裳，像蛾子在那里飞扬。跳起来，有如一群鸟，飞聚在一起，慢起来，又非常舒缓，宛转地流动，像云彩在那里飘荡，她们的体态如游龙，袖子像白色的云霓。当舞蹈渐终，乐曲也将要完的时候，她们慢慢地收敛舞容而拜谢，一个个欠着身子，含着笑容，退回到她们原来的行列中去。观众们都说真好看，没有一个不是兴高采烈的。（原文不全引了。）

在傅毅这篇《舞赋》里见到汉代的歌舞达到这样美妙而高超的境界。领舞女子的"资绝伦之妙态，怀悫素之洁清，修仪操以显志，独驰思乎杳冥"。她的"舒意自广，游心无垠，远思长想，在山峨峨，在水汤汤，与志迁化，容不虚生，明诗表旨，唱息激昂，气若浮云，志若秋霜"。中国古代舞女塑造了这一形象，由傅毅替我们传达下来，它的高超美妙，比起希腊人塑造的女神像来，具有她们的高贵，却比她们更活泼，更华美，更有远神。

欧阳修曾说："闲和严静，趣远之心难形。"晋人就曾主张艺术意境里要有"远神"。陶渊明说："心远地自偏"。这类高逸的境界，我们已在东汉的舞女的身上和她的舞姿里见到。庄子的理想人物：藐姑射神人，绰约若处子，肌肤若冰雪，也体现在元朝倪云林的山水竹石里面。这舞女的神思意态也和魏晋人钟王的书法息息相通。王献之《洛神赋》书法的美不也是"翩若惊鸿，婉若游龙"，"神光离合，乍阴乍阳"，"皎若太阳升朝霞，灼若芙蕖出渌波"吗？（所引皆《洛神赋》中句）我们在这里不但是见到中国哲学思想、绘画及书法思想和这舞蹈境界密切关联，也可以令人体会到中国古代的美的理想和由这理想所塑造的形象。这是我们的优良传统，就像希腊的神像雕塑永远是欧洲艺术不可企及的范本那样。

关于哲学和音乐的关系，除掉孔子的谈乐，荀子的《乐论》，《礼记》里《乐记》，《吕氏春秋》、《淮南子》里论乐诸篇，嵇康的《声无哀乐论》（这文可和德国十九世纪汉斯里克的《论音乐的美》作比较研究），还有庄子主张"视乎冥冥，听乎无声，冥冥之中，独见晓焉，无声之中，独闻和焉，故深之又深，而能物焉。"（《天地》）这是领悟宇宙里"无声之乐"，也就是宇宙里最深微的结构型式。在庄子，这最深微的结构和规律也就是他所说的"道"，是动的，变化着的，像音乐那样，"止之于有穷，流之于无止"。这道和音乐的境界是"混逐丛生，乐而无形，布挥而不曳，幽昏而无声，动于无方，居于窈冥……行流散徙，不主常声。……充满天地，苞裹六极"（《天运》），这道是一个五音繁会的交响乐。"混逐丛生"，就是在群声齐奏里随着乐曲的发展，涌现繁富的和声。庄子这段文字使我们在古代"大音希声"，淡而无味的，使魏文侯听了昏昏欲睡的古乐而外，还知道有这浪漫精神的音乐。这音乐，代表着南方的洞庭之野的楚文化，和楚铜器漆器花纹声气相通，和商周文化有对立的形势，所以也和古乐不同。

庄子在《天运》篇里所描述的这一出"黄帝张于洞庭之野的咸池之乐"，却是和孔子所爱的北方的大舜的韶乐有所不同。《书经·舜典》上所赞美的乐是"声依永，律和声，八音克谐，无相夺伦，神人以和"的古乐，听了叫人"心气和平"、"清明在躬"。而咸池之乐，依照庄子所描写和他所赞叹的，却是叫人"惧"、"怠"、"惑"、"愚"，以达于他所说的"道"。这是和《乐记》里所谈的儒家的音乐理想确正相反，而叫我们联想到十九世纪德国乐剧大师华格耐尔晚年精心的创作《巴希法尔》。这出浪漫主义的乐剧是描写阿姆伏塔斯通过"纯愚"巴希法尔才能从苦痛的罪孽的生活里解救出来。浪漫主义是和"惧"、"怠"、"惑"、"愚"有密切的姻缘。所以我觉得《庄子·天运》篇里这段对咸池之乐的描写是极其重要的，它是我们古代浪漫主义思想的代表作，可以和《书经·舜典》里那一段影响深远的音乐思想作比较观，尽管《书经》里这段话不像是尧舜时代的东西，《庄子》里这篇咸池之乐也不能上推到黄帝，两者都是战国时代的思想，但从这两派对立的音乐思想——古典主义的和浪漫主义的——可以见到那时音乐思想的丰富多采，造诣精微，今天还有钻研的价值。由于它的重要，我现在把《庄子·天运》篇里这段全文引在下面：

> 北门成问于黄帝曰："帝张咸池之乐于洞庭之野，吾始闻之惧，复闻之怠，卒闻之而惑，荡荡默默，乃不自得。"帝曰："汝殆其然哉！吾奏之以人，征之以天，行之以礼义，建之以太清。……四时

迭起，万物循生，一盛一衰，文武伦经。一清一浊，阴阳调和，流光其声，蛰虫始作，吾惊之以雷霆。其卒无尾，其始无首，一死一生，一偾一起，所常无穷，而一不可待。汝故惧也。吾又奏之以阴阳之和，烛之以日月之明，其声能短能长，能柔能刚，变化齐一，不主故常。在谷满谷，在坑满坑。涂却守神（意谓涂塞心知之孔隙，守凝一之精神），以物为量。其声挥绰，其名高明。是故鬼神守其幽，日月星辰行其纪。吾止之于有穷，流之于无止（意谓流与止–顺其自然也）。子欲虑之而不能知也，望之而不能见也，逐之而不能及也。傥然立于四虚之道，倚于槁梧而吟，目之穷乎所欲见，力屈乎所欲逐，吾既不及，已夫。（按：这正是华格耐尔音乐里"无止境旋律"的境界，浪漫精神的体现）形充空虚，乃至委蛇，汝委蛇，故怠。（你随着它委蛇而委蛇，不自主动，故怠）吾又奏之以无怠之声，调之以自然之命。故若混逐丛生（按：此言重振主体能动性，以便和自然的客观规律相浑合），林乐而无形，布挥而不曳（此言挥霍不已，似曳而未尝曳），幽昏而无声，动于无方，居于窈冥，或谓之死，或谓之生，或谓之实，或谓之荣，行流散徙，不主常声。世疑之，稽于圣人。圣人者，达于情而遂于命也。天机不张，而五官皆备，此之谓天乐，无言而心悦。故有焱氏为之颂曰："听之不闻其声，视之不见其形，充满天地，苞裹六极。"汝欲听之，而无接焉，尔故惑也。（此言主客合一，心无分别，有如暗惑）乐也者，始于惧，惧故祟。（此言乐未大和，听之悚惧，有如祸祟）吾又次之以怠，怠故遁。（此言遁于忘我之塘，泯灭内外）卒之于惑，惑故愚，愚故道。（内外双忘，有如愚述，符合老庄所说的道。大智若愚也）道可载而与之俱也。（人同音乐偕入于道）

老庄谈道，意境不同。老子主张"致虚极，守静笃，万物并作，吾以观其复"。他在狭小的空间里静观物的"归根"，"复命"。他在三十辐所共的一个毂的小空间里，在一个抟土所成的陶器的小空间里，在"凿户牖以为室"的小空间的天门的开阖里观察到"道"。道就是在这小空间里的出入往复，归根复命。

所以他主张守其黑，知其白，不出户，知天下。他认为"五色令人目盲，五音令人耳聋"，他对音乐不感兴趣。庄子却爱逍遥游。他要游于无穷，寓于无境。他的意境是广漠无边的大空间。在这大空间里作逍遥游是空间和时间的合一。而能够传达这个境界的正是他所描写的，在洞庭之野所展开的咸池之乐。所以庄子爱好音乐，并且是弥漫着浪漫精神的音乐，这是战国时代楚文化的优秀传统，也是以后中国音乐文化里高度艺术性的源泉。探讨这一条线的脉络，还是我们的音乐史工作者的课题。

以上我们讲述了中国古代寓言和思想里可以见到的音乐形象，现在谈谈音乐创作过程和音乐的感受。《乐府古题要解》里解说琴曲《水仙操》的创作经过说："伯牙学琴于成连，三年而成。至于精神寂寞，情之专一，未能得也。成连曰：'吾之学不能移人之情，吾之师有方子春在东海中'。乃赍粮从之，至蓬莱山，留伯牙曰：'吾将迎吾师'！划船而去，旬日不返。伯牙心悲，延颈四望，但闻海水汩没，山林窅冥，群鸟悲号。仰天叹曰：'先生将移我情！'乃援操而作歌云：'繄洞庭兮流斯护，舟楫逝兮仙不还。移形素兮蓬莱山，歍钦伤宫仙不还。'伯牙遂为天下妙手。"

"移情"就是移易情感，改造精神，在整个人格的改造基础上才能完成艺术的造就，全凭技巧的学习还是不成的。这是一个深刻的见解。

至于艺术的感受，我们试读下面这首诗。唐诗人郎士元《听邻家吹笙》诗云："凤吹声如隔彩霞，不知墙外是谁家，重门深锁无寻处，疑有碧桃千树花。"这是听乐时引起人心里美丽的意象："碧桃千树花"。但是这是一般人对于音乐感受的习惯，各人感受不同，主观里涌现出的意象也就可能两样。"知音"的人要深入地把握音乐结构和旋律里所潜伏的意义。主观虚构的意象往往是肤浅的。"志在高山，志在流水"时，作曲家不是模拟流水的声响和高山的形状，而是创造旋律来表达高山流水唤起的情操和深刻的思想。因此，我们在感受音乐艺术中也会使我们的情感移易，受到改造，受到净化、深化和提高的作用。唐诗人常建的《江上琴兴》一诗写出了这净化深化的作用。

江上调玉琴，一弦清一心，泠泠七弦遍，万木澄幽阴。能使江月白，又令江水深，始知梧桐枝，可以徽黄金。

琴声使江月加白，江水加深。不是江月的白，江水的深，而是听者意识体验得深和纯净。明人石沆《夜听琵琶》诗云：

> 娉婷少妇未关愁，清夜琵琶上小楼。裂帛一声江月白，碧云飞起四山秋！

音响的高亮，令人神思飞动，如碧云四起，感到壮美。这些都是从听乐里得到的感受。它使我们对于事物的感觉增加了深度，增加了纯净。就像我们在科学研究里通过高度的抽象思维，离开了自然的表面，反而深入到自然的核心，把握到自然现象最内在的数学规律和运动规律那样，音乐领导我们去把握世界生命万千形象里最深的节奏的起伏。庄子说："无声之中，独闻和焉"。所以我们在戏曲里运用音乐的伴奏才更深入地刻画出剧情和动作。希腊的悲剧原来诞生于音乐呀！

音乐使我们心中幻现出自然的形象，因而丰富了音乐感受的内容。画家诗人却由于在自然现象里意识到音乐境界而使自然形象增加了深度。六朝画家宗炳爱游山水，归来后把所见名山画在壁上，"坐卧向之。谓人曰：抚琴动操，欲令众山皆响。"唐初诗人沈佺期有《范山入画山水歌》云：

> 山峥嵘，水泓澄，漫漫汗汗一笔耕，一草一木栖神明。忽如空中有物，物中有声，复如远道望乡客，梦绕山川身不行。

身不行而能梦绕山川，是由于"空中有物，物中有声"，而这又是由于"一草一木栖神明"，才启示了音乐境界。

这些都是中国古代的音乐思想和音乐意象。

（原刊《光明日报》1962 年 1 月 30 日。）

精彩一句：

"乐"的表现人生是"不可以为伪"，就象数学能够表示自然规律里的真那样，音乐表现生活里的真。

瑞明品鉴：

在宗先生看来，数学与音乐分别构成西方古代哲学与中国古代哲学的精粹。因此中国古典音乐的精神代表着传统文化的精神。孔子礼乐并重，强调美与善的高度统一；庄子逍遥洒脱，给传统音乐注入浪漫主义精神。二者均将艺术、音乐视作生命力的表现，与天地、自然气脉相通，呼吸相连。儒道互补，共同构成华夏文明的主音，后又伴进佛教、禅宗轻妙的音符，同奏一曲炎黄子孙的文明进行曲，绕梁妙音，千古弥新。

把音乐深入到日常生活实践中去的典范，是孔子。宗白华说孔子的一生就是音乐的人生，人生也音乐化艺术化了。这样的人生是条理、是规律、更是活泼的生命情趣。依中国的文化传统，生活有条理、有规律，就是礼；活泼的生命情趣，就是乐。礼乐精神就是让人生艺术化。其中，音乐的教育功能更大。

音乐不但是艺术，更是教育。在音乐中，艺术与教育结合，所指引的方向就是让人生艺术化，并在艺术化的人生实践与境界里，不断超升，最终达到心灵和宇宙合一，在既踏实又超脱的胸襟里体味宇宙的深境。

论中西画法的渊源与基础

　　人类在生活中所体验的境界与意义，有用逻辑的体系范围条理之，以表达出来的，这是科学与哲学。有在人生的实践行为或人格心灵的态度里表达出来的，这是道德与宗教。但也还有那在实践生活中体味万物的形象，天机活泼，深入"生命节奏的核心"，以自由谐和的形式，表达出人生最深的意趣，这就是"美"与"美术"。

　　所以美与美术的特点是在"形式"，在"节奏"，而它所表现的是生命的内核，是生命内部最深的动，是至动而有条理的生命情调。"一切的艺术都是趋向音乐的状态。"这是派脱（W. Pater）最堪玩味的名言。

　　美术中所谓形式，如数量的比例、形线的排列（建筑）、色彩的和谐（绘画）、音律的节奏，都是抽象的点、线、面、体或声音的交织结构，为了集中地提高地和深入地反映现实的形象及心情诸感，使人在摇曳荡漾的律动与谐和中窥见真理，引人发无穷的意趣，绵缈的思想。

　　所以形式的作用可以别为三项：

　　（一）美的形式的组织，使一片自然或人生的内容自成一独立的有机体的形象，引动我们对它能有集中的注意、深入的体验。"间隔化"是"形式"的消极的功用。美的对象之第一步需要间隔。图画的框、雕像的石座、堂宇的栏干台阶、剧台的帘幕（新式的配光法及观众坐黑暗中）、从窗眼窥青山一角、登高俯瞰黑夜幕罩的灯火街市，这些美的境界都是由各种间隔作用造成。

（二）美的形式之积极的作用是组织、集合、配置。一言蔽之是构图。使片景孤境能织成一内在自足的境界，无待于外而自成一意义丰满的小宇宙，启示着宇宙人生的更深一层的真实。

希腊大建筑家以极简单朴质的形体线条构造典雅庙堂，使人千载之下瞻赏之犹有无穷高远圣美的意境，令人不能忘怀。

（三）形式之最后与最深的作用，就是它不只是化实相为空灵，引人精神飞越，超入美境；而尤在它能进一步引人"由美入真"，深入生命节奏的核心。世界上唯有最生动的艺术形式——如音乐、舞蹈姿态、建筑、书法、中国戏面谱、钟鼎彝器的形态与花纹——乃最能表达人类不可言、不可状之心灵姿式与生命的律动。

每一个伟大的时代，伟大的文化，都欲在实用生活之余裕，或在社会的重要典礼，以庄严的建筑、崇高的音乐、闳丽的舞蹈，表达这生命的高潮、一代精神的最深节奏（北平天坛及祈年殿是象征中国古代宇宙观最伟大的建筑）。建筑形体的抽象结构、音乐的节律与和谐、舞蹈的线纹姿式，乃最能表现吾人深心的情调与律动。

吾人借此返于"失去了的和谐，埋没了的节奏"，重新获得生命的中心，乃得真自由、真生命。美术对于人生的意义与价值在此。

中国的瓦木建筑易于毁灭，圆雕艺术不及希腊发达，古代封建礼乐生活之形式美也早已破灭。民族的天才乃借笔墨的飞舞，写胸中的逸气（逸气即是自由的超脱的心灵节奏）。所以中国画法不重具体物象的刻画，而倾向抽象的笔墨表达人格心情与意境。中国画是一种建筑的形线美、音乐的节奏美、舞蹈的姿态美。其要素不在机械的写实，而在创造意象，虽然它的出发点也极重写实，如花鸟画写生的精妙，为世界第一。

中国画，真像一种舞蹈，画家解衣盘礴，任意挥洒。他的精神与着重点在全幅的节奏生命而不沾滞于个体形象的刻画。画家用笔墨的浓淡，点线的交错，明暗虚实的互映，形体气势的开合，谱成一幅如音乐如舞蹈的图案。物体形象固宛然在目，然而飞动摇曳，似真似幻，完全溶解浑化在笔墨点线的互流交错之中！

西洋自埃及、希腊以来传统的画风，是在一幅幻现立体空间的画境中描出圆雕式的物体。特重透视法、解剖学、光影凸凹的晕染。画境似可走进，似可手摩，它们的渊源与背景是埃及、希腊的雕刻艺术与建筑空间。

在中国则人体圆雕远不及希腊发达，亦未臻最高的纯雕刻风味的境界。晋、唐以来塑像反受画境影响，具有画风。杨惠之的雕塑是和吴道子的绘画相通，不似希腊的立体雕刻成为西洋后来画家的范本。而商、周钟鼎敦尊等彝器则形态沉重浑穆、典雅和美，其表现中国宇宙情绪可与希腊神像雕刻相当。中国的画境、画风与画法的特点当在此种钟鼎彝器盘鉴的花纹图案及汉代壁画中求之。

在这些花纹中人物、禽兽、虫鱼、龙凤等飞动的形象，跳跃宛转，活泼异常。但它们完全溶化浑合于全幅图案的流动花纹线条里面。物象融于花纹，花纹亦即原本于物象形线的蜕化、僵化。每一个动物形象是一组飞动线纹之节奏的交织，而融合在全幅花纹的交响曲中。它们个个生动，而个个抽象化，不雕凿凹凸立体的形似，而注重飞动姿态之节奏和韵律的表现。这内部的运动，用线纹表达出来的，就是物的"骨气"（张彦远《历代名画记》云：古之画或遗其形似而尚其骨气）。骨是主持"动"的肢体，写骨气即是写着动的核心。中国绘画六法中之"骨法用笔"，即系运用笔法把捉物的骨气以表现生命动象。所谓"气韵生动"是骨法用笔的目标与结果。

在这种点线交流的律动的形象里面，立体的、静的空间失去意义，它不复是位置物体的间架。画幅中飞动的物象与"空白"处处交融，结成全幅流动的虚灵的节奏。空白在中国画里不复是包举万象位置万物的轮廓，而是溶入万物内部，参加万象之动的虚灵的"道"。画幅中虚实明暗交融互映，构成飘渺浮动的絪缊气韵，真如我们目睹的山川真景。此中有明暗、有凹凸、有宇宙空间的深远，但却没有立体的刻画痕；亦不似西洋油画如可走进的实景，乃是一片神游的意境。因为中国画法以抽象的笔墨把捉物象骨气，写出物的内部生命，则"立体体积"的"深度"之感也自然产生，正不必刻画雕凿，渲染凹凸，反失真态，流于板滞。

然而，中国画既超脱了刻板的立体空间、凹凸实体及光线阴影，于是它的画法乃能笔笔灵虚，不滞于物，而又笔笔写实，为物传神。唐志契的《绘事微言》中有句云："墨沈留川影，笔花传石神。"笔不滞于物，笔乃留有余地，抒写作家自己胸中浩荡之思、奇逸之趣。而引书法入画乃成中国画第一特点。董其昌云："以草隶奇字之法为之，树如屈铁，山如画沙，绝去甜俗蹊径，乃为士气。"中国特有的艺术"书法"实为中国绘画的骨干，各种点线皴法溶解万象超入灵虚妙境，而融诗心、诗境于画景，亦成为中国画第二特色。中国乐教失传，诗人不能弦歌，乃将心灵的情韵表现于书法、画法。书法尤为代替音乐的抽象艺术。在画幅上题诗写字，借书法以点醒画中的笔法，借诗句以衬出画中意境，而并不觉其破坏画景（在西洋油画上题句即破坏其写实幻境），这又是中国画可注意的特色，因中、西画法所表现的"境界层"根本不同：一为写实的，一为虚灵的；一为物我对立的，一为物我浑融的。中国画以书法为骨干，以诗境为灵魂，诗、书、画同属于一境层。西画以建筑空间为间架，以雕塑人体为对象，建筑、雕刻、油画同属于一境层。中国画运用笔勾的线纹及墨色的浓淡直接表达生命情调，透入物象的核心，其精神简淡幽微，"洗尽尘滓，独存孤迥"。唐代大批评家张彦远说："得其形似，则无其气韵。具其彩色，则失其笔法。"遗形似而尚骨气，薄彩色以重笔法。"超以象外，得其环中"，这是中国画宋元以后的趋向。然而形似逼真与色彩浓丽，却正是西洋油画的特色。中西绘画的趋向不同如此。

商、周的钟鼎彝器及盘鉴上图案花纹进展而为汉代壁画，人物、禽兽已渐从花纹图案的包围中解放，然在汉画中还常看到花纹遗迹环绕起伏于人兽飞动的姿态中间，以联系呼应全幅的节奏。东晋顾恺之的画全从汉画脱胎，以线纹流动之美（如春蚕吐丝）组织人物衣褶，构成全幅生动的画面。而中国人物画之发展乃与西洋大异其趣。西洋人物画脱胎于希腊的雕刻，以全身肢体之立体的描摹为主要。中国人物画则一方着重眸子的传神，另一方则在衣褶的飘洒流动中，以各式线纹的描法表现各种性格与生命姿态。南北朝时印度传来西方晕染凹凸阴影之法，虽一时有人模仿（张僧繇曾于一乘寺门上画凹凸花，远望眼晕如真），然终为中国画风所排斥放弃，不合中国心理。中国画自有它独特的宇宙观点与生命情调，一贯相承，至宋元山水画、花鸟画发达，它的特殊画风更为显著。以各式抽象的点、线渲皴擦摄取万物的骨相与气韵，其妙处尤在点画离披，时见缺落，逸笔撇脱，若断若续，而一点一拂，具含气韵。以丰富的暗示力与象征力代形相的实写，超脱而浑厚。大痴山人画山水，苍苍莽莽，浑化无迹，而气韵蓬松，得山川的元气；其最不似处、最荒率处，最为得神。似真似梦的境界涵浑在一无形无迹，而又无往不在的虚空中："色即是空，空即是色。"气韵流动，是诗、是音乐、是舞蹈，不是立体的雕刻！

中国画，既以"气韵生动"即"生命的律动"为终始的对象，而以笔法取物之骨气，所谓"骨法用笔"为绘画的手段，于是晋谢赫的六法以"应物象形""随类赋彩"之模仿自然，及"经营位置"之研究和谐、秩序、比例、匀称等问题列在三四等地位。然而这"模仿自然"及"形式美"，即和谐、比例等，却系占据西洋美学思想发展之中心的二大中心问题。希腊艺术理论尤不能越此范围。惟逮至近代西洋人"浮士德精神"的发展，美学与艺术理论中乃产生"生命表现"及"情感移入"等问题。而西洋艺术亦自二十世纪起乃思超脱这传统的观点，辟新宇宙观，于是有立体主义、表现主义等对传统的反动，然终系西洋绘画中所产生的纠纷，与中国绘画的作风立场究竟不相同。

西洋文化的主要基础在希腊，西洋绘画的基础也就在希腊的艺术。希腊民族是艺术与哲学的民族，而它在艺术上最高的表现是建筑与雕刻。希腊的庙堂圣殿是希腊文化生活的中心。它们清丽高雅、庄严朴质，尽量表现"和谐、匀称、整齐、凝重、静穆"的形式美。远眺雅典圣殿的柱廊，真如一曲凝住了的音乐。哲学家毕达哥拉斯视宇宙的基本结构，是在数量的比例中表示着音乐式的和谐。希腊的建筑确象征了这种形式严整的宇宙观。柏拉图所称为宇宙本体的"理念"，也是一种合于数学形体的理想图形。亚里士多德也以"形式"与"质料"为宇宙构造的原理。当时以"和谐、秩序、比例、平衡"为美的最高标准与理想，几乎是一班希腊哲学家与艺术家共同的论调，而这些也是希腊艺术美的特殊征象。

然而希腊艺术除建筑外，尤重雕刻。雕刻则系模范人体，取象"自然"。当时艺术家竞以写幻逼真为贵。于是"模仿自然"也几乎成为希腊哲学家、艺术家共同的艺术理论。柏拉图因艺术是模仿自然而轻视它的价值。亚里士多德也以模仿自然说明艺术。这种艺术见解与主张系由于观察当时盛行的雕刻艺术而发生，是无可怀疑的。雕刻的对象"人体"是宇宙间具体而微，近而静的对象。进一步研究透视术与解剖学自是当然之事。中国绘画的渊源基础却系在商周钟鼎镜盘上所雕绘大自然深山大泽的龙蛇虎豹、星云鸟兽的飞动形态，而以卍字纹、回纹等连成各式模样以为底，借以象征宇宙生命的节奏。它的境界是一全幅的天地，不是单个的人体。它的笔法是流动有律的线纹，不是静止立体的形象。当时人尚系在山泽原野中与天地的大气流衍及自然界奇禽异兽的活泼生命相接触，且对之有神魔的感觉（《楚辞》中所表现的境界）。它们从深心里感觉万物有神魔的生命与力量。所以他们雕绘的生物也琦玮诡谲，呈现异样的生气魔力。（近代人视宇宙为平凡，绘出来的境界也就平凡。所写的虎豹是动物园铁栏里的虎豹，自缺少深山大泽的气象。）希腊人住在文明整洁的城市中，地中海日光朗丽，一切物象轮廓清楚。思想亦游泳于清明的逻辑与几何学中。神秘奇诡的幻感渐失，神们也失去深沉的神秘性，只是一种在高明愉快境域里的人生。人体的美，是他们的渴念。在人体美中发现宇宙的秩序、和谐、比例、平衡，即是发现"神"，因为这些即是宇宙结构的原理，神的象征。人体雕刻与神殿建筑是希腊艺术的极峰，它们也确实表现了希腊人的"神的境界"与"理想的美"。

西洋绘画的发展也就以这两种伟大艺术为背景、为基础，而决定了它特殊的路线与境界。

希腊的画，如庞贝古城遗迹所见的壁画，可以说是移雕像于画面，远看直如立体雕刻的摄影。立体的圆雕式的人体静坐或站立在透视的建筑空间里。后来西洋画法所用油色与毛刷尤适合于这种雕塑的描形。以这种画与中国古代花纹图案画或汉代南阳及四川壁画相对照，其动静之殊令人惊异。一为飞动的线纹，一为沉重的雕像。谢赫的六法以气韵生动为首目，确系说明中国画的特点，而中国哲学如《易经》以"动"说明宇宙人生（天行健、君子以自强不息），正与中国艺术精神相表里。

希腊艺术理论既因建筑与雕刻两大美术的暗示，以"形式美"（即基于建筑美的和谐、比例、对称平衡等）及"自然模仿"（即雕刻艺术的特性）为最高原理，于是理想的艺术创作即系在模仿自然的实相中同时表达出和谐、比例、平衡、整齐的形式美。一座人体雕像须成为一"典范的"，即具体形象溶合于标准形式，实现理想的人像，所谓柏拉图的"理念"。希腊伟大的雕刻确系表现那柏拉图哲学所发挥的理念世界。它们的人体雕像是人类永久的理想典范，是人间世的神境。这位轻视当时艺术的哲学家，不料他的"理念论"反成希腊艺术适合的注释，且成为后来千百年西洋美学与艺术理论的中心概念与问题。

西洋中古时的艺术文化因基督教的禁欲思想，不能有希腊的茂盛，号称黑暗时期。然而哥特式（gothic）的大教堂高耸入云，表现强烈的出世精神，其雕刻神像也全受宗教热情的支配，富于表现的能力，实灌输一种新境界、新技术给与西洋艺术。然而须近代西洋人始能重新了解它的意义与价值。（前之如歌德，近之如法国罗丹及德国的艺术学者。而近代浪漫主义、表现主义的艺术运动，也于此寻找他们的精神渊源。）

十五、六世纪"文艺复兴"的艺术运动则远承希腊的立场而更渗入近代崇拜自然、陶醉现实的精神。这时的艺术有两大目标：即"真"与"美"。所谓真，即系模范自然，刻意写实。当时大天才（画家、雕刻家、科学家）达·芬奇（L. da Vinci）在他著名的《画论》中说："最可夸奖的绘画是最能形似的绘画。"它们所描摹的自然以人体为中心，人体的造像又以希腊的雕刻为范本。所以达·芬奇又说："圆描（即立体的雕塑式的描绘法）是绘画的主体与灵魂"。（按：中国的人物画系一组流动线纹之节律的组合，其每一线条有独立的意义与表现，以参加全体点线音乐的交响曲。西画线条乃为描画形体轮廓或皴擦光影明暗的一分子，其结果是隐没在立体的幻象里，不见其痕迹，真所谓隐迹立形。中国画则正在独立的点线皴擦中表现境界与风格。然而亦由于中、西绘画工具之不同。中国的墨色若一刻画，即失去光彩气韵。西洋油色的描绘不惟幻出立体，且有明暗闪耀烘托无限情韵，可称"色彩的诗"。而轮廓及衣褶线纹亦有其来自希腊雕刻的高贵的美。）达·芬奇这句话道出了西洋画的特点。移雕刻入画面是西洋画传统的立场。因着重极端的求"真"，艺术家从事人体的解剖，以祈认识内部构造的真相。尸体难得且犯禁，艺术家往往黑夜赴坟地盗尸，斗室中灯光下秘密支解，若有无穷意味。达·芬奇也曾亲手解剖男女尸体三十余具，雕刻家唐迪（Donti）自夸曾手剖 83 具尸体之多。这是西洋艺术家的科学精神及西洋艺术的科学基础。还有一种科学也是西洋艺术的特殊观点所产生，这就是极为重要的透视学。绘画既重视自然对象之立体的描摹，而立体对象是位置在三进向的空间，于是极重要的透视术乃被建筑家卜鲁勒莱西（Brunelleci）于十五世纪初期发现，建筑家阿柏蒂（Alberti）第一次写成书。透视学与解剖学为西洋画家所必修，就同书法与诗为中国画家所必涵养一样。而阐发这两种与西洋油画有如此重要关系之学术者为大雕刻家与建筑家，也就同阐发中国画理论及提高中国画地位者为诗人、书家一样。

求真的精神既如上述，求真之外则求"美"，为文艺复兴时画家之热烈的憧憬。真理披着美丽的外衣，寄"自然模仿"于"和谐形式"之中，是当时艺术家的一致的企图。而和谐的形式美则又以希腊的建筑为最高的典范。希腊建筑如巴泰龙（Parthenon）的万神殿表象着宇宙永久秩序：庄严整齐，不愧神灵的居宅。大建筑学家阿柏蒂在他的名著《建筑论》中说："美即是各部分之谐合，不能增一分，不能减一分。"又说："美是一种协调，一种和声。各部会归于全体，依据数量关系与秩序，适如最圆满之自然律'和谐'所要求。"于此可见文艺复兴所追求的美仍是踵步希腊，以亚里士多德所谓"复杂中之统一"（形式和谐）为美的准则。

"模仿自然"与"和谐的形式"为西洋传统艺术（所谓古典艺术）的中心观念已如上述。模仿自然是艺术的"内容"，形式和谐是艺术的"外形"，形式与内容乃成西洋美学史的中心问题。在中国画学的六法中则"应物象形"（即模仿自然）与"经营位置"（即形式和谐）列在第三第四的地位。中、西趋向之不同，如此可见。然则西洋绘画不讲求气韵生动与骨法用笔么？似又不然！

西洋画因脱胎于希腊雕刻，重视立体的描摹；而雕刻形体之凹凸的显露实又凭借光线与阴影。画家用油色烘染出立体的凹凸，同时一种光影的明暗闪动跳跃于全幅画面，使画境空灵生动，自生气韵。故西洋油画表现气韵生动，实较中国色彩为易。而中国画则因工具写光困难，乃另辟蹊径，不在刻画凸凹的写实上求生活，而舍具体、趋抽象，于笔墨点线皴擦的表现力上见本领。其结果则笔情墨韵中点线交织，成一音乐性的"谱构"。其气韵生动为幽淡的、微妙的、静寂的、洒落的，没有彩色的喧哗炫耀，而富于心灵的幽深淡远。

中国画运用笔法墨气以外取物的骨相神态，内表人格心灵。不敷彩色而神韵骨气已足。西洋画则各人有各人的"色调"以表现各个性所见色相世界及自心的情韵。色彩的音乐与点线的音乐各有所长。中国画以墨调色，其浓淡明晦，映发光彩，相等于油画之光。清人深宗骞在《芥舟学画编》里论人物画法说："盖画以骨格为主。骨干只须以笔墨写出。笔墨有神，则未设色之前，天然有一种应得之色，隐现于衣裳环佩之间，因而附之，自然深浅得宜，神彩焕发。"在这几句话里又看出中国画的笔墨骨法与西洋画雕塑式的圆描法根本取象不同，又看出彩色在中国画上的地位，系附于笔墨骨法之下，宜于简淡，不似在西洋油画中处于主体地位。虽然"一切的艺术都是趋向音乐"，而华堂弦响与明月箫声，其韵调自别。

西洋文艺复兴时代的艺术虽根基于希腊的立场，着重自然模仿与形式美，然而一种近代人生的新精神，已潜伏滋生。"积极活动的生命"和"企向无限的憧憬"，是这新精神的内容。热爱大自然，陶醉于现世的美丽；眷念于光、色、空气。绘画上的彩色主义替代了希腊云石雕像的净素妍雅。所谓"绘画的风俗"继古典主义之"雕刻的风格"而兴起。于是古典主义与浪漫主义，印象主义、写实主义与表现主义、立体主义的争执支配了近代的画坛。然而西洋油画中所谓"绘画的风格"，重明暗光影的韵调，仍系来源于立体雕刻上的阴影及其光的氛围。罗丹的雕刻就是一种"绘画风格"的雕刻。西洋油画境界是光影的气韵包围着立体雕像的核心。其"境界层"与中国画的抽象笔墨之超实相的结构终不相同。就是近代的印象主义，也不外乎是极端的描摹目睹的印象（渊源于模仿自然）。所谓立体主义，也渊源于古代几何形式的构图，其远祖在埃及的浮雕画及希腊艺术史中"几何主义"的作风。后期印象派重视线条的构图，颇有中国画的意味，然他们线条画的运笔法终不及中国的流动变化、意义丰富，而他们所表达的宇宙观点仍是西洋的立场，与中国根本不同。中画、西画各有传统的宇宙观点，造成中、西两大独立的绘画系统。

现在将这两方不同的观点与表现法再综述一下，以结束这篇短论：

（一）中国画所表现的境界特征，可以说是根基于中国民族的基本哲学，即《易经》的宇宙观：阴阳二气化生万物，万物皆禀天地之气以生，一切物体可以说是一种"气积"（庄子：天，积气也）。这生生不已的阴阳二气织成一种有节奏的生命。中国画的主题"气韵生动"，就是"生命的节奏"或"有节奏的生命"。伏羲画八卦，即是以最简单的线条结构表示宇宙万象的变化节奏。后来成为中国山水花鸟画的基本境界的老、庄思想及禅宗思想也不外乎于静观寂照中，求返于自己深心的心灵节奏，以体合宇宙内部的生命节奏。中国画自伏羲八卦、商周钟鼎图案花纹、汉代壁画、顾恺之以后历唐、宋、元、明，皆是运用笔法、墨法以取物象的骨气，物象外表的凹凸阴影终不愿刻画，以免笔滞于物。所以虽在六朝时受外来印度影响，输入晕染法，然而中国人则终不愿描写从"一个光泉"所看见的光线及阴影，如目睹的立体真景。而将全幅意境谱入一明暗虚实的节奏中，"神光离合，乍阴乍阳"（《洛神赋》语），以表现全宇宙的气韵生命，笔墨的点线皴擦既从刻画实体中解放出来，乃更能自由表达作者自心意匠的构图。画幅中每一丛林、一堆石，皆成一意匠的结构，神韵意趣超妙，如音乐的一节。气韵生动，由此产生。书法与诗和中国画的关系也由此建立。

（二）西洋绘画的境界，其渊源基础在于希腊的雕刻与建筑（其远祖尤在埃及浮雕及容貌画）。以目睹的具体实相融合于和谐整齐的形式，是他们的理想（希腊几何学研究具体物形中之普遍形相，西洋科学研究具体之物质运动，符合抽象的数理公式，盖有同样的精神）。雕刻形体上的光影凹凸利用油色晕染移入画面，其光彩明暗及颜色的鲜艳流丽构成画境之气韵生动。近代绘风更由古典主义的雕刻风格进展为色彩主义的绘画风格，虽象征了古典精神向近代精神的转变，然而它们的宇宙观点仍是一贯的，即"人"与"物"，"心"与"境"的对立相视。不过希腊的古典的境界是有限的具体宇宙包涵在和谐宁静的秩序中，近代的世界观是一无穷的力的系统在无尽的交流的关系中。而人与这世界对立，或欲以小己体合于宇宙，或思戡天役物，申张人类的权力意志，其主客观对立的态度则为一致（心、物及主观、客观问题始终支配了西洋哲学思想）。

而这物、我对立的观点，亦表现于西洋画的透视法。西画的景物与空间是画家立在地上平视的对象，由一固定的主观立场所看见的客观境界，貌似客观实颇主观（写实主义的极点就成了印象主义）。就是近代画风爱写无边天际的风光，仍是目睹具体的有限境界，不似中国画所写近景一树一石也是虚灵的、表象的。中国画的透视法是提神太虚，从世外鸟瞰的立场观照全整的律动的大自然，他的空间立场是在时间中徘徊移动，游目周览，集合数层与多方的视点谱成一幅超象虚灵的诗情画境（产生了中国特有的手卷画）。所以它的境界偏向远景。"高远、深远、平远"，是构成中国透视法的"三远"。在这远景里看不见刻画显露的凹凸及光线阴影。浓丽的色彩也隐没于轻烟淡霭。一片明暗的节奏表象着全幅宇宙的细缊的气韵，正符合中国心灵蓬松潇洒的意境。故中国画的境界似乎主观而实为一片客观的全整宇宙，和中国哲学及其他精神方面一样。"荒寒"、"洒落"是心襟超脱的中国画家所认为最高的境界（元代大画家多为山林隐逸，画境最富于荒寒之趣），其体悟自然生命之深透，可称空前绝后，有如希腊人之启示人体的神境。

中国画因系鸟瞰的远景，其仰眺俯视与物象之距离相等，故多爱写长方立轴以揽自上至下的全景。数层的明暗虚实构成全幅的气韵与节奏。西洋画因系对立的平视，故多用近立方形的横幅以幻现自近至远的真景。而光与阴影的互映构成全幅的气韵流动。

中国画的作者因远超画境，俯瞰自然，在画境里不易寻得作家的立场，一片荒凉，似是无人自足的境界。（一幅西洋油画则须寻找得作家自己的立脚观点以鉴赏之。）然而中国作家的人格个性反因此完全融化潜隐在全画的意境里，尤表现在笔墨点线的姿态意趣里面。

还有一件可注意的事，就是我们东方另一大文化区印度绘画的观点，却系与西洋希腊精神相近，虽然它在色彩的幻美方面也表现了丰富的东方情调。印度绘法有所谓"六分"，梵云"萨邓迦"，相传在西历第三世纪始见记载，大约也系综括前人的意见，如中国谢赫的六法，其内容如下：

（1）形象之知识；（2）量及质之正确感受；（3）对于形体之情感；（4）典雅及美之表示；（5）逼似真相；（6）笔及色之美术的用法。

综观六分，颇乏系统次序。其（1）（2）（3）（5）条不外乎模仿自然，注重描写形象质量的实际。其（4）条则为形式方面的和谐美。其（6）条属于技术方面。全部思想与希腊艺术论之特重"自然模仿"与"和谐的形式"恰相吻合。希腊人、印度人同为阿利安人种，其哲学思想与宇宙观念颇多相通的地方。艺术立场的相近也不足异了。魏晋六朝间，印度画法输入中国，不啻即是西洋画法开始影响中国，然而中国吸取它的晕染法而变化之，以表现自己的气韵生动与明暗节奏，却不袭取它凹凸阴影的刻画，仍不损害中国特殊的观点与作风。

然而中国画趋向抽象的笔墨，轻烟淡彩，虚灵如梦，洗净铅华，超脱暄丽耀彩的色相，却违背了"画是眼睛的艺术"之原始意义。"色彩的音乐"在中国画久已衰落。（近见唐代式壁画，敷色浓丽，线条劲秀，使人联想文艺复兴初期画家薄蒂采丽的油画）幸宋、元大画家皆时时不忘以"自然"为师，于造化细缊的气韵中求笔墨的真实基础。近代画家如石涛，亦游遍山川奇境，运奇姿纵横的笔墨，写神会目睹的妙景，真气远出，妙造自然。画家任伯年则更能于花卉翎毛，表现精深华妙的色彩新境，为近代少有的色彩画家，令人反省绘画原来的使命。然而此外则颇多一味模仿传统的形式，外失自然真感，内乏性灵生气，目无真景，手无笔法。既缺绚丽灿烂的光色以与西画争胜，又遗失了古人雄浑流丽的笔墨能力。艺术本当与文化生命同向前进；中国画此后的道路，不但须恢复我国传统运笔线纹之美及其伟大的表现力，尤须倾心注目于彩色流韵的真景，创造浓丽清新的色相世界。更须在现实生活的体验中表达出时代的精神节奏。因为一切艺术虽是趋向音乐，止于至美，然而它最深最后的基础仍是在"真"与"诚"。

（原刊《文艺丛刊》1934 年 10 月第 1 卷第 2 期。）

精彩一句：

一切艺术虽是趋向音乐，止于至美，然而它最深最后的基础仍是在"真"与"诚"。

瑞明品鉴：

宗白华以宏阔的视野，在中西对比的大框架内，高屋建瓴地拈出中西绘画的渊源与基础。更重要的，是把绘画精神与人生联系起来，无论中西，绘画之美，都是对人生最深意趣的表现。因此说，美与美术的"形式"与"节奏"，所表现的是生命的内核，是生命内部最深的动，是至动而有条理的生命情调。

宗白华追溯到中西两大文明的发源时期，不同的自然环境、生活实践、心灵反应，奠立了不同的哲学精神与人生方向，相应地，艺术观念及其表现也走上了不同的道路，形成了不同的艺术境界与审美精神。

中国绘画的渊源基础在商周钟鼎镜盘上所雕绘的自然景象，以意象的飞动，线条的流畅为主要特征，借以象征宇宙生命的活跃与生动的节奏。它的境界是一全幅的天地。而希腊艺术因建筑与雕刻两大美术的暗示，以"形式美"（即基于建筑美的和谐、比例、对称、平衡等）及"自然模仿"（即雕刻艺术的特性）为最高原理，于是理想的艺术创作就在模仿自然的实相中同时表达出和谐、比例、平衡、整齐的形式美。因此，中西艺术表现了不同的取向与境界：写实与虚灵、物我对立与物我浑融。

如果用一个词语来概括这种差别，中国艺术的境界是"生动"，西方艺术的境界则是"运动"。"生动"就是生命的节奏或有节奏的生命。"运动"则是人与物、心与境的对立而成的意志生命。

新诗略谈

我日前会着康白情君谈话，谈话的内容是"新诗问题"。因时间短促，没有做详细的讨论。但却引起了我许多对于新诗的感想，今天写出来请诸君指教。

近来中国文艺界中发生了一个大问题，就是新体诗怎样做法的问题，就是我们怎样才能做出好的真的新体诗？（沫若君说真诗好诗是"写"出来的，不是"做"出来的，这话自然不错。不过我想我们要达到"能写出"的境地，也还要经过"能做出"的境地。因诗是一种艺术，总不能完全没有艺术的学习与训练的。）

现在我们且研究怎样才能做出或写出新体诗。

我想诗的内容可分为两部分，就是"形"同"质"。诗的定义可以说是："用一种美的文字——音律的绘画的文字——表写人的情绪中的意境。"这能表写的、适当的文字就是诗的"形"，那所表写的"意境"，就是诗的"质"。换一句话说：诗的"形"就是诗中的音节和词句的构造；诗的"质"就是诗人的感想情绪。所以要想写出好诗真诗，就不得不在这两方面注意。一方面要做诗人人格的涵养，养成优美的情绪、高尚的思想、精深的学识；一方面要作诗的艺术的训练，写出自然优美的音节，协和适当的词句。但是要达到这两种境地——即完满诗人人格和完满诗的艺术——有什么方法呢？这个问题我本没有做过具体的研究，不过昨天同康君谈话当中偶然得了些感想，自己觉得还有趣味，所以写出来，请诸君看可用不可用？

现在先谈诗的形式的问题：诗的形式的凭借是文字，而文字能具有两种作用：（1）音乐的作用，文字中可以听出音乐式的节奏与协和；（2）绘画的作用，文字中可以表写出空间的形相与彩色。所以优美的诗中都含有音乐，含有图画。他是借着极简单的物质材料——纸上的字迹——表现出空间、时间中极复杂繁富的"美"。

那么，我们要想在诗的形式方面有高等技艺，就不可不学习点音乐与图画（以及一切造型艺术，如雕刻、建筑）。使诗中的词句能适合天然优美的音节，使诗中的文字能表现天然画图的境界，况且图画本是空间中静的美，音乐是时间中动的美，而诗恰是用空间中闲静的形式——文字的排列——表现时间中变动的情绪思想。所以我们对于诗，要使他的"形"能得有图画的形式的美，使诗的"质"（情绪思想）能成音乐式的情调。

以上是我偶然间想的训练诗艺的途径，不知道对不对。以下再谈点诗人人格养成的方法。

康白情君主张多读书，这话不错。我所说的诗多与哲理接近也有这个意思。不过我以为读书穷理而外，还有两种活动是养成诗人人格所不可少的：

（一）在自然中活动。直接观察自然现象的过程，感觉自然的呼吸，窥测自然的神秘，听自然的音调，观自然的图画。风声、水声、松声、潮声，都是诗歌的乐谱。花草的精神，水月的颜色，都是诗意、诗境的范本。所以在自然中的活动是养成诗人人格的前提。因"诗的意境"就是诗人的心灵，与自然的神秘互相接触映射时造成的直觉灵感，这种直觉灵感是一切高等艺术产生的源泉，是一切真诗、好诗的（天才的）条件。（二）在社会中活动。诗人最大的职责就是表写人性与自然，而人性最真切的表示，莫过于在社会中活动——人性的真相只能在行为中表示——所以诗人要想描写人类人性的真相，最好是自己加入社会活动，直接的内省与外观，以窥看人性纯真的表现。

以上三种——哲理研究，自然中活动，社会中活动——我觉得是养成健全诗人人格必由的途径。诸君以为如何？

总上所谈，撮要如下："诗"有形质的两面，"诗人"有人艺的两方。新诗的创造，是用自然的形式，自然的音节，表写天真的诗意与天真的诗境。新诗人的养成，是由"新诗人人格"的创造，新艺术的练习；写出健全的、活泼的、代表人性、人民性的新诗。

（原刊《少年中国》1920年2月15日第1卷第8期。）

精彩一句：

要做诗人人格的涵养，养成优美的情绪、高尚的思想、精深的学识。

文风品鉴：

在本文中，宗白华提出了一个"新诗人人格"的命题。在宗白华看来，近代以来，中国的民族精神、社会文化，"所需要的是'复兴'，不是颓废。是'建设'，不是'悲观'"。因此，宗白华"极私心祈祷中国有许多乐观雄丽的诗歌出来，引我们泥涂中可怜的民族入于一种愉快舒畅的精神界"。因为，只有"从这种愉快乐观的精神界里，才能养成向前的勇气和建设的能力"。正是出于这种考虑，宗白华给"新诗人人格"的内涵就赋予了积极宏大的时代意义。他要求新诗人不仅要奋力追求"精深的学识"和"优美的情绪"，而且更要培养一种"高尚的思想"，一种乐观向上、勇于进取的精神人格。宗白华希望"新诗人"能够像歌德一样，化小我为大我，乐观、豪迈、执着，甘受人间苦乐，引导民族向前。

我和诗

　　我的写诗，确是一件偶然的事。记得我在同郭沫若的通信里曾说过："我们心中不可没有诗意、诗境，但却不必定要做诗。"这两句话曾引起他一大篇的名论，说诗是写出的，不是做出的。他这话我自然是同意的。我也正是因为不愿受诗的形式推敲的束缚，所以说不必定要做诗。

　　然而我后来的写诗却也不完全是偶然的事。回想我幼年时有一些性情的特点，是和后来的写诗不能说没有关系的。

　　我小时候虽然好顽耍，不念书，但对于山水风景的酷爱是发乎自然的。天空的白云和覆成桥畔的垂柳，是我童心最亲密的伴侣。我喜欢一个人坐在水边石上看天上白云的变幻，心里浮着幼稚的幻想。云的许多不同的形象动态，早晚风色中各式各样的风格，是我童心里独自玩耍的对象。都市里没有好风景，天上的流云，常时幻出海岛沙洲，峰峦湖沼。我有一天私自就云的各样境界，分别汉代的云、唐代的云、抒情的云、戏剧的云等等，很想做一个"云谱"。

　　风烟清寂的郊外，清凉山、扫叶楼、雨花台、莫愁湖是我同几个小伴每星期日步行游玩的目标。我记得当时的小文里有"拾石雨花，寻诗扫叶"的句子。

湖山的情景在我的童心里有着莫大的势力。一种罗曼蒂克的遥远的情思引着我在森林里，落日的晚霞里，远寺的钟声里有所追寻，一种无名的隔世的相思，鼓荡着一股心神不安的情调；尤其是在夜里，独自睡在床上，顶爱听那远远的箫笛声，那时心中有一缕说不出的深切的凄凉的感觉，和说不出的幸福的感觉结合在一起；我仿佛和那窗外的月光雾光溶化为一，飘浮在树杪林间，随着箫声、笛声孤寂而远引——这时我的心最快乐。

十三四岁的时候，小小的心里已经筑起一个自己的世界；家里人说我少年老成，其实我并没念过什么书，也不爱念书，诗是更没有听过读过；只是好幻想，有自己的奇异的梦与情感。

十七岁一场大病之后，我扶着弱体到青岛去求学，病后的神经是特别灵敏，青岛海风吹醒我心灵的成年。世界是美丽的，生命是壮阔的，海是世界和生命的象征。这时我欢喜海，就象我以前欢喜云。我喜欢月夜的海、星夜的海、狂风怒涛的海、清晨晓雾的海，落照里几点遥远的白帆掩映着一望无尽的金碧的海。有时崖边独坐，柔波软语，絮絮如诉衷曲。我爱它，我懂它，就同人懂得他爱人的灵魂、每一个微茫的动作一样。

青岛的半年没读过一首诗，没有写过一首诗，然而那生活却是诗，是我生命里最富于诗境的一段。青年的心襟时时像春天的天空，晴朗愉快，没有一点尘滓，俯瞰着波涛万状的大海，而自守着明爽的天真。那年夏天我从青岛回到上海，住在我的外祖父方老诗人家里。每天早晨在小花园里，听老人高声唱诗，声调沉郁苍凉，非常动人，我偷偷一看，是一部《剑南诗钞》，于是我跑到书店里也买了一部回来。这是我生平第一次翻读诗集，但是没有读多少就丢开了。那时的心情，还不宜读放翁的诗。秋天我转学进了上海同济，同房间里一位朋友，很信佛，常常盘坐在床上朗诵《华严经》。音调高朗清远有出世之概，我很感动。我欢喜躺在床上瞑目静听他歌唱的词句，《华严经》词句的优美，引起我读它的兴趣。而那庄严伟大的佛理境界投合我心里潜在的哲学的冥想。我对哲学的研究是从这里开始的。庄子、康德，叔本华、歌德相继地在我的心灵的天空出现，每一个都在我的精神人格上留下不可磨灭的印痕。"拿叔本华的眼睛看世界，拿歌德的精神做人"，是我那时的口号。

有一天我在书店里偶然买了一部日本版的小字的王、孟诗集，回来翻阅一过，心里有无限的喜悦。他们的诗境，正合我的情味，尤其是王摩诘的清丽淡远，很投我那时的癖好。他的两句诗："行到水穷处，坐看云起时"，是常常挂在我的口边，尤在我独自一人散步于同济附近田野的时候。

唐人的绝句，像王、孟、韦、柳等人的，境界闲和静穆，态度天真自然，寓秾丽于冲淡之中，我顶欢喜。后来我爱写小诗、短诗，可以说是承受唐人绝句的影响，和日本的俳句毫不相干，泰戈尔的影响也不大。只是我和一些朋友在那时常常欢喜朗诵黄仲苏译的泰戈尔《园丁集》诗，他那声调的苍凉幽咽，一往情深，引起我一股宇宙的遥远的相思的哀感。

在中学时，有两次寒假，我到浙东万山之中一个幽美的小城里过年。那四围的山色秾丽清奇，似梦如烟；初春的地气，在佳山水里蒸发得较早，举目都是浅蓝深黛；湖光峦影笼罩得人自己也觉得成了一个透明体。而青春的心初次沐浴到爱的情绪，仿佛一朵白莲在晓露里缓缓地展开，迎着初升的太阳，无声地战栗地开放着，一声惊喜的微呼，心上已抹上胭脂的颜色。

纯真的刻骨的爱和自然的深静的美在我的生命情绪中结成一个长期的微渺的音奏，伴着月下的凝思，黄昏的远想。

这时我欢喜读诗，我欢喜有人听我读诗，夜里山城清寂，抱膝微吟，灵犀一点，脉脉相通。我的朋友有两句诗："华灯一城梦，明月百年心'，可以做我这时心情的写照。

我游了一趟谢安的东山，山上有谢公祠、蔷薇洞、洗屐池、棋亭等名胜，我写了几首纪游诗，这是我第一次的写诗，现在姑且记下，可以当作古老的化石看罢了。

游东山寺

（一）

振衣直上东山寺，万壑千岩静晚钟。
叠叠云岚烟树杪，湾湾流水夕阳中。
祠前双柏今犹碧，洞口蔷薇几度红？
一代风流云水渺，万方多难吊遗踪。

（二）

石泉落涧玉琮琤，人去山空万籁清。

春雨苔痕迷屐齿，秋风落叶响棋枰。

澄潭浮鲤窥新碧，老树盘鸦噪夕晴。

坐久浑忘身世外，僧窗冻月夜深明。

别东山

游屐东山久不回，依依怅别古城隈。

千峰暮雨春无色，万树寒风鸟独徊。

渚上归舟携冷月，江边野渡逐残梅。

回头忽见云封垛，黯对青峦自把杯。

旧体诗写出来很容易太老气，现在回看不象十几岁人写的东西，所以我后来也不大写旧体诗了。二十多年以后住嘉陵江边才又写一首《柏溪夏晚归棹》：

飙风天际来，绿压群峰暝。

云罅漏夕晖，光写一川冷。

悠悠白鹭飞，淡淡孤霞迥。

系缆月华生，万象浴清影。

1918 至 1919 年，我开始写哲学文字，然而浓厚的兴趣还是在文学。德国浪漫派的文学深入我的心坎。歌德的小诗我很欢喜。康白情、郭沫若的创作引起我对新体诗的注意。但我那时仅试写过一首《问祖国》。

1920 年我到德国去求学，广大世界的接触和多方面人生的体验，使我的精神非常兴奋，从静默的沉思，转到生活的飞跃。三个星期中间，足迹踏遍巴黎的文化区域。罗丹的生动的人生造像是我这时最崇拜的诗。

这时我了解近代人生的悲壮剧、都会的韵律、力的姿式。对于近代各问题，我都感到兴趣，我不那样悲观，我期待着一个更有力的更光明的人类社会到来。然而莱茵河上的故垒寒流、残灯古梦，仍然萦系在心坎深处，使我常时做做古典的浪漫的美梦。前年我有一首诗，是追抚着那时的情趣，一个近代人的矛盾心情：

生命之窗的内外
白天，打开了生命的窗，
绿杨丝丝拂着窗槛。
白云在青空里飘荡。
一层层的屋脊，一行行的烟囱，
成千成万的窗户，成堆成伙的人生。
行着，坐着，恋爱着，斗争着。
活动、创造、憧憬、享受。
是电影、是图画、是速度、是转变？
生活的节奏，机器的节奏，
推动着社会的车轮，宇宙的旋律。
白云在青空飘荡，
人群在都会匆忙！

黑夜，闭上了生命的窗。
窗里的红灯，
掩映着绰约的心影：
雅典的庙宇，莱因的残堡，
山中的冷月，海上的孤棹。
是诗意、是梦境、是凄凉、是回想？
缕缕的情丝，织就生命的憧憬。
大地在窗外睡眠！
窗内的人心，
遥领着世界深秘的回音。

在都市的危楼上俯眺风驰电掣的匆忙的人群，通力合作地推动人类的前进；

生命的悲壮令人惊心动魄，渺渺的微躯只是洪涛的一沤，然而内心的孤迥，也希望能烛照未来的微茫，听到永恒的深秘节奏，静寂的神明体会宇宙静寂的和声。

1921 年的冬天，在一位景慕东方文明的教授夫妇的家里，过了一个罗曼蒂克的夜晚；舞阑人散，踏着雪里的蓝光走回的时候，因着某一种柔情的萦绕，我开始了写诗的冲动，从那时以后，横亘约摸一年的时光，我常常被一种创造的情调占有着。黄昏的微步，星夜的默坐，大庭广众中的孤寂，时常仿佛听见耳边有一些无名的音调，把捉不住而呼之欲出。往往是夜里躺在床上熄了灯，大都会千万人声归于休息的时候，一颗战栗不寐的心兴奋着，静寂中感觉到窗外横躺着的大城在喘息，在一种停匀的节奏中喘息，仿佛一座平波微动的大海，一轮冷月俯临这动极而静的世界，不禁有许多遥远的思想来袭我的心，似惆怅，又似喜悦，似觉悟，又似恍惚。无限凄凉之感里，夹着无限热爱之感。似乎这微渺的心和那遥远的自然，和那茫茫的广大的人类，打通了一道地下的深沉的神秘的暗道，在绝对的静寂里获得自然人生最亲密的接触。我的《流云》小诗，多半是在这样的心情中写出的。往往在半夜的黑影里爬起来，扶着床栏寻找火柴，在烛光摇晃中写下那些现在人不感兴趣而我自己却借以慰藉寂寞的诗句。《夜》与《晨》两诗曾记下这黑夜不眠而诗兴勃勃的情景。

然而我并不完全是"夜"的爱好者，朝霞满窗时，我也赞颂红日的初生。我爱光，我爱美，我爱力，我爱海，我爱人间的温暖，我爱群众里千万心灵一致紧张而有力的热情。我不是诗人，我却主张诗人是人类的光和爱和热的鼓吹者。高尔基说过："诗不是属于现实部分的事实，而是属于那比现实更高部分的事实。"那比现实更高的仍是现实，只是一个较光明的现实罢了。歌德也说："应该拿现实提举到和诗一般地高。"这也就是我对于诗和现实的见解。

（收入《宗白华全集》第 2 卷，安徽教育出版社 1994 年版。）

精彩一句：

我不是诗人，我却主张诗人是人类底光明的预言者，人类光明的鼓励者和指导者，人类的光和爱和热的鼓吹者。

瑞明品鉴：

诗在直接层面上是对人生的表现，在深层意义是对人生的一种发现；无论表现还是发现，都是根源于人性的需要。读诗和写诗，是情感的发抒，生命的安放与升华，是个性的一种自由伸展，也是对人生一种美的发现，更是一种实现。人读诗、写诗，作为人的一种创造性人文活动，其终极意义，是陶冶心灵，安顿身心。

宗白华现身说法，表述诗对他的意义，他清楚说明了自己读诗的真实感受，一种纯真、一种深静的美好；也说明了自己写诗的感受，一种感通，一种振拔与洗刷的体验。因此，他的读诗、写诗，在自我观照、自我振拔之中，通过诗的读与写，陶养了心灵，丰富了生活，引生了情趣，更体会到了生命应有的深度。

我和艺术

　　我与艺术相交忘情，艺术与我忘情相交，凡八十又六年矣。然而说起欣赏之经验，却甚寥寥。

　　在我看来，美学就是一种欣赏。美学，一方面讲创造，一方面讲欣赏。创造和欣赏是相通的。创造是为了给别人欣赏，起码是为了自己欣赏。欣赏也是一种创造，没有创造，就无法欣赏。六十年前，我在《看了罗丹雕塑以后》里说过，创造者应当是真理的搜寻者，美乡的醉梦者，精神和肉体的劳动者。欣赏者又何尝不当如此？

　　中国有句古语，叫做"万物静观皆自得"。静故了群动，空故纳万境。艺术欣赏也需澡雪精神，进入境界。庄子最早提倡虚静，颇懂个中三昧，他是中国有代表性的哲学家中的艺术家。老子、孔子、墨子他们就做不到。庄子的影响大极了。中国古代艺术繁荣的时代，庄子思想就突出，就活跃，魏晋时期就是一例。晋人王戎云："情之所钟，正在我辈。"创造需炽爱，欣赏亦需钟情。记得三十年代初，我在南京偶然购得隋唐佛头一尊，重数十斤，把玩终日，因有"佛头宗"之戏。是时悲鸿等好友亦交口称赞，爱抚不已。不久，南京陷落，我所有书画、古玩荡然无存，唯此佛头，深埋地底，得以幸存。今仍置于案头，满室生辉。这些年，年事渐高，兴致却未有稍减。一俟城内有精彩之文艺展，必挂杖挤车，一睹为快。今虽老态龙钟，步履维艰，犹不忍释卷，以冀卧以游之！

艺术趣味的培养，有赖于传统文化艺术的滋养。只有到了徽州，登临黄山，方可领悟中国之诗、山水、艺术的韵味和意境。我对艺术一往情深，当归功于孩童时所受的熏陶。我在《我和诗》一文中追溯过，我幼时对于山水风景古刹有着发乎自然的酷爱。天空的浮云和复成桥畔的垂柳，是我孩心最亲密的伴侣。风烟清寂的郊外，清凉山、扫叶楼、雨花台、莫愁糊，是我同几个小伴每星期日步行游玩的目标。十七岁一场大病后，我扶着弱体到青岛去求学，那象征着世界和生命的大海，哺育了我生命里最富于诗境的一段时光……

艺术的天地是广漠阔大的，欣赏的目光不可拘于一隅。但作为中国的欣赏者，不能没有民族文化的根基。外头的东西再好，对我们来说，总有点隔膜。我在欧洲求学时，曾把达·芬奇和罗丹等人的艺术当作最崇拜的诗。可后来还是更喜欢把玩我们民族艺术珍品。中国艺术无疑是一个宝库！

多年以来，对欣赏一事，论者不多。《指要》一书，可谓难得。书中所论，亦多灼见。受编者深嘱，成此文字，是为序。

（收入《宗白华全集》第 3 卷，安徽教育出版社 1994 年版。）

精彩一句：

美学一方面讲创造，一方面讲欣赏，创造和欣赏是相通的。

瑞明品鉴：

此文是宗白华对自己一生与艺术结缘的回顾，映照出一个艺术人生的典范，对艺术一往情深，与艺术忘情相交。

宗白华说，创造和欣赏是相通的。艺术欣赏也是一种创造，同样有其价值与意义。艺术与人生的结合，还有更大更高的追求，无论是欣赏者和创造者，都既是美乡的醉梦者，也是真理的搜寻者。

　　艺术创造者的一生是艺术人生，艺术欣赏者的一生也是艺术人生。艺术与人生的亲密无间，艺术即人生，人生即艺术。在宗白华的自述里，少年时对山水风景古刹的发自天性的热爱，中年时隋唐佛头的收藏，晚年拄杖挤车观看文艺展出，无一不在透露，艺术就是人生的内容。

读书与自动的研究

　　我们的思想、见解、学识，可以从两个源泉中得来：（一）从过去学者的遗籍；（二）从社会、人生与自然的直接观察。第一种思想的源泉叫做"读书"。第二种思想的源泉叫做"自动的研究"，或"自动的思想"。这两种思想源泉孰优孰劣，是我今天所想讨论的问题。

　　读书，是把古人的思想重复思想一遍。这中间有几种好处，就是（一）脑力经济：古人由无数无数直接经验和研究得来的有价值的思想，如科学中的种种律令，我们可以不费许多脑力，不费许多劳动就得着了。这不是很经济吗？（二）时间经济：古人用毕生的时间得着的新发现，像开普勒的行星运行律令，我们可以在一点钟的时间内就领会了，这不是很经济的吗？所以"读书"确有很大的价值，我们不能不承认的。但是它也有很多的流弊，我们不可不知道，不可不预防。流弊中最大的危险，就是我们读书读久了，安于读书，习于以他人的思想为思想，渐渐的把自己"自动研究"、"自动思想"的能力消灭了。关于这一层我记得德国哲学家叔本华说得极透彻，我就把他书中的话，暂时代表我的自动的研究贡献诸君。

叔本华说：读书是拿他人的头脑，代替自己的思想。读书读久了，当会使自己的思想，不能成一个有系统的自内的发展。我们的头脑中充满了许多外来的思想，这种外来思想纷呈堆积，东一块，西一块，好像一堆乱石；不比那由我们自己心中亲切体验发展出来的思想，可以自成一个有生气的、有机体的系统。我们既常常以他人的思想为思想，以读书为唯一的思索的时间，离了书本，就茫然不能思索，得了书本，就犹鱼得水，这种脑筋是没有用了，至多不过是一个没有条理的藏书楼。所以，我们要直接的向大自然的大书中读那一切真理的符号，不要专在书房中，守着古人的几篇陈言。我们要晓得古人留下来的书籍，好比是他在一片沙岸上行走时留下来的足印。我们虽可以从他这足印中看出他所行走的道路与方向；但却不能知道他在道路所看见的是些什么景物，所发生的是些什么感想；我们果真要了解这书籍中的话，获得这书籍的益，还是要自己按着这书籍所指示的道路，亲自去行走一番，直接的看这路上有些什么景物，能发生些什么感想。（按：叔本华这个譬喻，同庄子的糟粕菁华的譬喻有点相似，且更觉亲切。）

所以叔本华并不是绝对的反对读书，——他自己读书之多，在欧洲学者中要算得很稀少的——不过他极力鼓吹自动的观察，自动的思想。他还有个譬喻说得好，他说书籍中的知识，譬如武士的盾甲，一个强有力的武士，运用沉重的盾甲，可以自卫，可以攻战；一个能力薄弱的人担负了一身沉重的盾甲，反而不能行动了。所以天才能多读书而不为书籍学问所拖累；普通人多读了书，反而减少了常识。对于社会、人生、自然失去了亲切的了解，只牢记得些书本中的死知识，不能运用，不能理解。

以上我引了叔本华书本中的几句死话。他这话对不对，还要我们亲自去看。不过人家要问我：我们不去专读死书，又怎么样呢？我们怎样去自动的研究，怎样去自动的思想呢？我必答道，我们自动的研究也要有方法，有途径。不是盲动的，乱动的，乃是有条理、有步骤的活泼有趣的动作。这种动作是什么？这种动作就是科学方法的活动研究。这种活动就是走到大自然中，自动的观察，自动的归纳。从这种自由动作中得来的思想，才是创造的思想，才是真实的学问，才是亲切的知识。这是一切学术进步的途径，这是一切天才成功的秘诀。这个途径不唯近代大科学家如是，就是古代天才的思想家也是如此。就看中国周秦时的庄子，我们从他的书中，可以知道他每天并不是坐在家中读死书，他是常常走到自然中观察一切，思想一切，到处可以触动他的灵机，发挥他的妙想。他书中引用自然间现象作譬喻的非常之多。以他那种爱在自然中活动，又富于伟大的理解能力，若生于现在，知道了许多科学实验的方法与器具，不也是一个大科学家吗？但是他所得的结果也已经不小了。以我所知道的中国哲学家看来，创造的思想之丰富，恐怕要推庄子第一。

庄子是中国学术史上最与自然接近的人，最富于自动的观察的人，所以也是个最富于创造的思想的人。我们模仿他的学者人格，再具有精密的科学方法，抱着丰富的科学知识，向着大自然间，作自动的研究，发挥自动的思想，恐怕这神秘万方的自然，也要悄悄的告诉我们几件未曾公开的秘密呢！

（原刊《时事新报·学灯》1920 年 4 月 7 日。）

精彩一句：

我们要直接的向大自然的大书中读那一切真理的符号，不要专在书房中，守着古人的几篇陈言。

文风品鉴：

比尼恩（Lauroce Bingyou）在《亚洲艺术中人的精神》一文中谈到，中国富于创造力的艺术的关键所在，就是"思想的交流并不是通过抽象思考的方式……而是采取宁静的接受态度……找到自己的生命与大自然的生命之间的一种和谐，它们之间自由自在地来往"。这种所谓的"天人合一观"，正是中国艺术之为艺术的核心所在，也是中国人立人修身的核心所在。宗白华提倡所谓在读书之外，还要"直接的向大自然的大书中读那一切真理的符号"，正是切合了中国艺术的这种内在精神。宗白华说，古代天才的思想家均是如此。比如庄子，我们从他的书中，可以知道他每天并不是坐在家中读死书，他是常常走到自然中观察一切，思想一切，因此，到处可以触动他的灵机，发挥他的妙想。再比如陶渊明，也是自觉地回归自然的代表，他在与充满生机的大自然的共同呼吸中共同感受着欣欣之木与涓涓之流中所延伸出的人生精神，在人和自然、生活之感受和自然之精神、诗人之情与宇宙之心的融洽中，感悟自然之道，反照人伦之心。从万物皆法自然再到皆备于我，然后尽心尽性，乐天知命，完成道儒天人观的往复并在此往复中实现自身的交融与组合。

美从何处寻?

啊,诗从何处寻?

从细雨下,点碎落花声,

从微风里,飘来流水音,

从蓝空天末,摇摇欲坠的孤星!

——《流云小诗》

尽日寻春不见春,

芒鞋踏遍陇头云,

归来笑拈梅花嗅,

春在枝头已十分。

——宋罗大经:《鹤林玉露》中载某尼悟道诗

　　诗和春都是美的化身,一是艺术的美,一是自然的美。我们都是从目观耳听的世界里寻得她的踪迹。某尼悟道诗大有禅意,好象是说"道不远人",不应该"道在迩而求诸远"。好象是说:"如果你在自己的心中找不到美,那么,你就没有地方可以发现美的踪迹。"

然而梅花仍是一个外界事物呀，大自然的一部分呀！你的心不是"在"自己的心的过程里，感觉、情绪、思维里找到美，而只是"通过"感觉、情绪、思维找到美，发现梅花里的美。美对于你的心，你的"美感"是客观的对象和存在。你如果要进一步认识她，你可以分析她的结构、形象、组成的各部分，得出"谐和"的规律，"节奏"的规律，表现的内容，丰富的启示，而不必顾到你自己的心的活动，你越能忘掉自我，忘掉你自己的情绪波动，思维起伏，你就越能够"漱涤万物，牢笼百态"（柳宗元语），你就会像一面镜子，像托尔斯泰那样，照见了一个世界，丰富了自己，也丰富了文化。人们会感谢你的。

那么，你在自己的心里就找不到美了吗？我说，我们的心灵起伏万变，情欲的波涛，思想的矛盾，当我们身在其中时，恐怕尝到的是苦闷，而未必是美。只有莎士比亚或巴尔扎克把它形象化了，表现在文艺里，或是你自己手之舞之，足之蹈之，把你的欢乐表现在舞蹈的形象里，或把你的忧郁歌咏在有节奏的诗歌里，甚至于在你的平日的行动里，语言里，一句话说来，就是你的心要具体地表现在形象里，那时旁人会看见你的心灵的美，你自己也才真正的切实地具体地发现你的心里的美。除此以外，恐怕不容易吧！你的心可以发现美的对象（人生的，社会的，自然的），这"美"对于你是客观的存在，不以你的意志为转移。（你的意志只能主使你的眼睛去看她或不去看她，却不能改变她。你能训练你的眼睛深一层地去认识她，却不能动摇她。希腊伟大的艺术不因中古时代的晦暗而减少它的光辉。）

宋朝某尼虽然似乎悟道，然而她的觉悟不够深，不够高，她不能发现整个宇宙已经盎然有春意，假使梅花枝上已经春满十分了。她在踏遍陇头云时是苦闷的、失望的。她把自己关在狭窄的心的圈子里了。只在自己的心里去找寻美的踪迹是不够的，是大有问题的。王羲之在《兰亭序》里说："仰观宇宙之大，俯察品类之盛，所以游目骋怀，……极视听之娱，信可乐也。"这是东晋大书法家在寻找美的踪迹。他的书法传达了自然的美和精神的美。不仅是大宇宙，小小的事物也不可忽视。诗人华滋沃斯曾经说过："一朵微小的花对于我可以唤起不能用眼泪表达出的那样深的思想。"

达到这样的、深入的美感，发现这样深度的美，是要在主观心理方面具有条件和准备的。我们的感情是要经过一番洗涤，克服了小己的私欲和利害计较。矿石商人仅只看到矿石的货币价值，而看不见矿石的美和特性。我们要把整个情绪和思想改造一下，移动了方向，才能面对美的形象，把美如实地和深入地反映到心里来。再把它放射出去，凭借物质创造形象给表达出来，才成为艺术。中国古代曾有人把这个过程唤做"移人之情"或"移我情"。琴曲《伯牙水仙操》的序上说：

> 伯牙学琴于成连，三年而成，至于精神寂寞，情之专一，未能得也。成连曰："吾之学不能移人之情，吾师有方子春在东海中。"乃赍粮从之，至蓬莱山，留伯牙曰："吾将迎吾师！"划船而去，旬日不返。伯牙心悲，延颈四望，但闻海水汩没，山林宭冥，群鸟悲号。仰天叹曰："先生将移我情！"乃援操而作歌云："繄洞庭兮流斯护，舟楫逝兮仙不还，移形素兮蓬莱山，欹钦伤宫仙不还。"

伯牙由于在孤寂中受到大自然强烈的震撼，生活上的异常遭遇，整个心境受了洗涤和改造，才达到艺术的最深体会，把握到音乐的创造性的旋律，完成他的美的感受和创造。这个"移情说"比起德国美学家栗卜斯的"情感移入论"似乎还要深刻些，因为它说出现实生活中的体验和改造是"移情"的基础呀！并且"移易"和"移入"是不同的。

这里所理解的"移情"应当是我们审美的心理方面的积极因素和条件，而美学家所说的"心理距离"、"静观"，也构成审美的消极条件。女子郭六芳有一首诗《舟还长沙》说得好：

> 侬家家住两湖东，十二珠帘夕照红。
> 今日忽从江上望，始知家在画图中。

自己住在现实生活里，没有能够把握它的美的形象。等到自己对自己的日常生活有相当的距离，从远处来看，才发现家在画图中，溶在自然的一片美的形象里。

但是在这主观心理条件之外也还需要客观的物的方面的条件。在这里是那夕照的红和十二珠帘的具有节奏与和谐的形象。宋人陈简斋的海棠诗云："隔帘花叶有辉光。"帘子造成了距离，同时它的线文的节奏也更能把帘外的花叶纳进美的形象，增强了它的光辉闪灼，呈显出生命的华美，就像一段欢愉生活嵌在素朴而具有优美旋律的歌词里一样。

这节奏，这旋律，这和谐等等，它们是离不开生命的表现，它们不是死的机械的空洞的形式，而是具有内容，有表现、有丰富意义的具体形象。形象不是形式，而是形式和内容的统一，形式中每一个点、线、色、形、音、韵，都表现着内容的意义、情感、价值。所以诗人艾里略说："一个造出新节奏来的人，就是一个拓展了我们的感性并使它更为高明的人。"又说："创造一种形式并不是仅仅发明一种格式，一种韵律或节奏，而且也是这种韵律或节奏的整个合式的内容的发觉。莎士比亚的十四行诗并不仅是如此这般的一种格式或图形，而是一种恰是如此思想感情的方式"，而具有着理想的形式的诗是"如此这般的诗，以致我们看不见所谓诗，而但注意着诗所指示的东西"（《诗的作用和批评的作用》）。这里就是"美"，就是美感所受的具体对象。它是通过美感来摄取的美，而不是美感的主观的心理活动自身。就像物质的内部结构和规律是抽象思维所摄取的，但自身却不是抽象思维而是具体事物。所以专在心内搜寻是达不到美的踪迹的。美的踪迹要到自然、人生、社会的具体形象里去找。

但是心的陶冶，心的修养和锻炼是替美的发见和体验作准备。创造"美"也是如此。捷克诗人里尔克在他的《柏列格的随笔》里一段话精深微妙，梁宗岱曾把它译出，介绍如下：

　　……一个人早年作的诗是这般乏意义，我们应该毕生期待和采集，如果可能，还要悠长的一生；然后，到晚年，或者可以写出十行好诗。因为诗并不像大家所想象，徒是情感（这是我们很早就有了的），而是经验。单要写一句诗，我们得要观察过许多城许多人许多物，得要认识走兽，得要感到鸟儿怎样飞翔和知道小花清晨舒展的姿势。得要能够回忆许多远路和僻境，意外的邂逅，眼光望它接近的分离，神秘还未启明的童年，和容易生气的父母，当他给你一件礼物而你不明白的时候（因为那原是为别一人设的欢喜）和离奇变幻的小孩子的病，和在一间静穆而紧闭的房里度过的日子，海滨的清晨和海的自身，和那与星斗齐飞的高声呼号的夜间的旅行——而单是这些犹未足，还要享受过许多夜不同的狂欢，听过妇人产时的呻吟，和坠地便瞑目的婴儿轻微的哭声，还要曾经坐临终人的床头和死者的身边，在那打开的，外边的声音一阵阵拥进来的房里。可是单有记忆犹未足，还要能够忘记它们，当它们太拥挤的时候，还要有很大的忍耐去期待它们回来。因为回忆本身还不是这个，必要等到它们变成我们的血液，眼色和姿势了，等到它们没有了名字而且不能别于我们自己了，那么，然后可以希望在极难得的顷刻，在它们当中伸出一句诗的头一个字来。

这里是大诗人里尔克在许许多多的事物里，经验里，去踪迹诗，去发现美，多么艰辛的劳动呀！他说：诗不徒是感情，而是经验。现在我们也就转过方向，从客观条件来考察美的对象的构成。改造我们的感情，使它能够发现美。中国古人曾经把这唤做"移我情"，改变着客观世界的现象，使它能够成为美的对象，中国古人曾经把这唤做"移世界"。

"移我情"、"移世界"，是美的形象涌现出来的条件。

我们上面所引长沙女子郭六芳诗中说过："今日忽从江上望，始知家在画图中"，这是心理距离构成审美的条件。但是"十二珠帘夕照红"，却构成这幅美的形象的客观的积极的因素。夕照，月明，灯光，帘幕，薄纱，轻雾，人人知道是助成美的出现的有力的因素，现代的照相术和舞台布景知道这个而尽量利用着。中国古人曾经唤做"移世界"。

明朝文人张大复在他的《梅花草堂笔谈》里记述着：

邵茂齐有言，天上月色能移世界，果然！故夫山石泉涧，梵刹园亭，屋庐竹树，种种常见之物，月照之则深，蒙之则净，金碧之彩，披之则醇，惨悴之容，承之则奇，浅深浓淡之色，按之望之，则屡易而不可了。以至河山大地，邈若皇古，犬吠松涛，远于岩谷，草生木

长，闲如坐卧，人在月下，亦尝忘我之为我也。今夜严叔向，置酒破
山僧舍，起步庭中，幽华可爱，旦视之，酱盎纷然，瓦石布地而已，
戏书此以信茂齐之话，时十月十六日，万历丙午三十四年也。

　　月亮真是一个大艺术家，转瞬之间替我们移易了世界，美的形象，涌现在
眼前。但是第二天早晨起来看，瓦石布地而已。于是有人得出结论说：美是不
存在的。我却要更进一步推论说，瓦石也只是无色无形的原子或电磁波，而这
个也只是思想的假设，我们能抓住的只是一堆抽象数学方程式而已。究竟什么
是真实的存在？所以我们要回转头来说，我们现实生活里直接经验到，不以我
们的意志为转移的，丰富多采的，有声有色有形有相的世界就是真实存在的世
界，这是我们生活和创造的园地。所以马克思很欣赏近代唯物论的第一个创始
者培根的著作里所说的物质以其感觉的诗意的光辉向着整个的人微笑（见《神
圣家族》），而不满意霍布士的唯物论里"感觉失去了它的光辉而变为几何学家
的抽象感觉，唯物论变成了厌世论"。在这里物的感性的质、光、色、声、热等
不是物质所固有的了，光、色、声中的美更成了主观的东西，于是世界成了灰
白色的骸骨，机械的死的过程。恩格斯也主张我们的思想要像一面镜子，如实
地反映这多彩的世界。美是存在着的！世界是美的，生活是美的。它和真和善
是人类社会努力的目标，是哲学探索和建立的对象。

　　美不但是不以我们的意志为转移的客观存在，反过来，它影响着我们，教
育着我们，提高生活的境界和意趣。它的力量大极了，它也可以倾国倾城。希
腊大诗人荷马的著名史诗《伊利亚特》歌咏希腊联军围攻特罗亚九年，为的是
夺回美人海伦，而海伦的美叫他们感到九年的辛劳和牺牲不是白费的。现在引
述这一段名句：

　　　　特罗亚长老们也一样的高踞城雉，
　　　　当他们看见了海伦在城垣上出现，
　　　　老人们便轻轻低语，彼此交谈机密：
　　　　"怪不得特罗亚人和坚胫甲阿开人，
　　　　为了这个女人这么久忍受苦难呢，

　　她看来活像一个青春长住的女神。

　　可是，尽管她多美，也让她乘船去吧，

　　别留这里给我们子子孙孙作祸根。"

（缪朗山译《伊利亚特》）

　　荷马不用浓丽的词藻来描绘海伦的容貌，而从她的巨大的惨酷的影响和力量轻轻地点出她的倾国倾城的美。这是他的艺术高超处，也是后人所赞叹不已的。

　　我们寻到美了吗？我说，我们或许接触到美的力量，肯定了她的存在，而她的无限的丰富内含却是不断地待我们去发现。千百年来的诗人艺术家已经发现了不少，保藏在他们的作品里，千百年后的世界仍会有新的表现。"第一个造出新节奏来的人，就是一个拓展了我们的感性并使它更为高明的人！"

（原刊《新建设》1957 年第 6 期。）

精彩一句：

　　你的心要具体地表现在形象里，那时旁人会看见你的心灵的美，你自己也才真正的切实地具体地发现你的心里的美。

文风品鉴：

　　如果问美是什么，一定会有很多答案。有人认为她太抽象，只可意会不可言传，因为美是一种感觉，对同一事物，不同的人会有不同的感觉。其实，美是客观存在的，也可以创造。但在现实生活中，最重要的并非美的创造，而是美的发现。罗丹就曾经说过："世界上并不缺少美，而是缺少发现美的眼睛。"是的，美时时刻刻都围绕在我们身旁，我们要想发现它，必须有一双会发现美的眼睛。当那重重叠叠的山，弯弯曲曲的路，叮叮咚咚的泉，高高低低的树，把你带到幽静如画的景色中，你是否发现那一种宁静又神秘的美？当你欣赏贝多芬的《命运交响曲》时，你是否发现一种催人奋进，使人的灵魂得到净化的艺术之美？当你仍在睡梦之中，静谧的街巷中便响起了细微的清扫之声，他们的脚步多么轻、多么稳，地面上留下了他们用来编织美的生活的经线与纬线，你又是否能体会到其中蕴含的那种朴素而平凡的美？美并不神秘，她具有生活的质感，每个人的心里也都有一杆衡量美深浅的标尺。想要了解她，把握她，就要用美的心境去体悟她，发现她，表现她。快点打开你那双发现美的眼睛吧，你会发现浩瀚的沙漠里，有汪汪清泉、苍翠的绿洲；在悬崖绝壁间，也有坚韧挺拔的迎客松。让这双发现美的眼睛带你走向更灿烂的明天，寻找生活的真谛。

戏剧与国民教育

若说艺术是"人生的反映","人生的表现"及"人生的指导"的话，那么最能达到这个理想与功用的是莫过于戏剧的了。因为戏剧是以血和肉的人在剧台上表演那社会人生最真实的感受，苦痛与快乐，心灵的希望与实际的问题；那样具体地，紧凑地，结晶地，在剧台上表演出来，直接诉之于广大的民众；其影响的深刻，广大与直接，是他种艺术所不能及的。文字与演说，总没有演剧那样的动人。音乐是只有知音者才能有深入的了解。图画也需要相当的形式与技术的认识。雕刻对于一般人是有点严冷而难以亲近。只有戏剧是无论老少贤愚都能欢喜赞叹，歌哭无端，和剧中人同忧同喜而忘其所以的。戏剧是最具象的立体的人生表现。

本来戏剧的产生是起源于整个民众所参加的宗教的祭礼。希腊民众在葡萄成熟的时候，大家欢欣地奉祀生殖的神"狄阿利索斯"。在狂舞及赞歌中间有人出来乔装着神，表演神的痛苦，受难的经过及其它的最后的超脱与胜利。这是最早的"悲剧的主角"。演员和观众都是出自这整体参加的民众。整个民众是剧曲的创造者，表演者与欣赏者。而戏剧的内容又是直接反映着他们的遭遇，命运，希望及对于人生世界诸大问题的观念。民众参加戏剧的出演即是参加他们最切身的人生问题与心灵问题的讨论，与参加一个政治会议有同样的重要。一言以蔽之，戏剧是一种最早的而且最有效的国民教育。尤其在一民族生存危难的紧急的时候，我们需要全民族意志的一致，情感的一致与思想的一致。达到这个目的最有效的工具，恐怕还是这舞台上的戏剧。戏剧在"现身说法"的中间表演出我们的境况，我们的希望及我们的出路。直接地具体地诉之于大众的意识。中国民族现在确是处于一个危难的紧急的时候了，我们需要认识与反省。戏剧界是负着这"现身说法"提醒民众的责任。近来田汉、洪深、欧阳予倩诸君集合全国话剧的人才，作空前的大规模的话剧表演。节目中有《械斗》与《洪水》、《回春之曲》、《晚会》都是面对现实的动人的剧本。导演的负责，演员的尽职，是我们信得过的。我预祝他们的成功。这也是我们在这国难时期值得欢欣兴奋，表现民族底生活力自信力的一事件。

（原刊 1935 年 12 月 7 日《中央日报》。）

精彩一句：

戏剧是最具象的立体的人生表现。

广新品鉴：

人们常感叹：人生如戏。戏剧是艺术化了的生活形态。普通的戏剧艺术，人民大众喜闻乐见，相比其它艺术形式，隔膜最少。又因为它萌芽于人类最早的祭祀崇拜活动，因此宗先生称它是"一种最早的而且最有效的国民教育"。国难当头的时候，宗先生希望通过这种通俗易懂的艺术形式唤醒大众、激励人民，筑起民族意志的长城。今天，太平盛世，戏剧形式愈发多种多样，丰富着人们的业余生活。除了提供娱乐之外，戏剧仍要担负起国民教育的职责：提升人们的审美水平，激发爱国热情和实现中华民族伟大复兴的历史责任感与崇高感。

错采镂金的美和芙蓉出水的美

　　鲍照比较谢灵运的诗和颜延之的诗，谓谢诗如"初发芙蓉，自然可爱"，颜诗则是"铺锦列绣，雕缋满眼"。《诗品》："汤惠休曰：谢诗如芙蓉出水，颜诗如错采镂金。颜终身病之。"（见钟嵘《诗品》、《南史·颜延之传》）这可以说是代表了中国美学史上两种不同的美感或美的理想。

　　这两种美感或美的理想，表现在诗歌、绘画、工艺美术等各个方面。

　　楚国的图案、楚辞、汉赋、六朝骈文、颜延之诗、明清的瓷器，一直存在到今天的刺绣和京剧的舞台服装，这是一种美，"镂金错采，雕缋满眼"的美。汉代的铜器陶器，王羲之的书法，顾恺之的画，陶潜的诗、宋代的白瓷，这又是一种美，"初发芙蓉，自然可爱"的美。

　　魏晋六朝是一个转变的关键，划分了两个阶段。从这个时候起，中国人的美感走到了一个新的方面，表现出一种新的美的理想。那就是认为"初发芙蓉"比之于"镂金错采"是一种更高的美的境界。在艺术中，要着重表现自己的思想，自己的人格，而不是追求文字的雕琢。陶潜作诗和顾恺之作画，都是突出的例子。王羲之的字，也没有汉隶那么整齐，那么有装饰性，而是一种"自然可爱"的美。这是美学思想上的一个大的解放。诗、书、画开始成为活泼泼的生活的表现，独立的自我表现。

这种美学思想的解放在先秦哲学家那里就有了萌芽。从三代铜器那种整齐严肃、雕工细密的图案，我们可以推知先秦诸子所处的艺术环境是一个"镂金错采、雕缋满眼"的世界。先秦诸子对于这种艺术境界各自采取了不同的态度。一种是对这种艺术取否定的态度。如墨子，认为是奢侈、骄横、剥削的表现，使人民受痛苦，对国家没有好处，所以他"非乐"，即反对一切艺术。又如老庄，也否定艺术。庄子重视精神，轻视物质表现。老子说："五音令人耳聋，五色令人目盲。"另一种对这种艺术取肯定的态度，这就是孔孟一派。艺术表现在礼器上，乐器上。孔孟是尊重礼乐的。但他们也并非盲目受礼乐控制，而要寻求礼乐的本质和根源，进行分析批判。总之，不论肯定艺术还是否定艺术，我们都可以看到一种批判的态度，一种思想解放的倾向。这对后来的美学思想，有极大的影响。

但是实践先于理论，工匠艺术家更要走在哲学家的前面。先在艺术实践上表现出一个新的境界，才有概括这种新境界的理论。现在我们有一个极珍贵的出土铜器，证明早于孔子一百多年，就已从"镂金错采、雕缋满眼"中突出一个活泼、生动、自然的形象，成为一种独立的表现，把装饰、花纹、图案丢在脚下。这个铜器叫"莲鹤方壶"。它从真实自然界取材，不但有跃跃欲动的龙和螭，而且还出现了植物：莲花瓣。表示了春秋之际造型艺术要从装饰艺术独立出来的倾向。尤其顶上站着一个张翅的仙鹤象征着一个新的精神，一个自由解放的时代（原列故宫太和殿，现列历史博物馆）。

郭沫若对于此壶曾作了很好的论述：

　　此壶全身均浓重奇诡之传统花纹，予人以无名之压迫，几可窒息。乃于壶盖之周骈列莲瓣二层，以植物为图案，器在秦汉以前者，已为余所仅见之一例。而于莲瓣之中央复立一清新俊逸之白鹤，翔其双翅，单其一足，微隙其喙作欲鸣之状，余谓此乃时代精神之一象征也。此鹤初突破上古时代之鸿蒙，正踌躇满志，睥睨一切，践踏传统于其脚下，而欲作更高更远之飞翔。此正春秋初年由殷周半神话时代脱出时，一切社会情形及精神文化之一如实表现（《殷周青铜器铭文研究》）。

这就是艺术抢先表现了一个新的境界，从传统的压迫中跳出来。对于这种新的境界的理解，便产生出先秦诸子的解放的思想。

上述两种美感，两种美的理想，在中国历史上一直贯穿下来。

六朝的镜铭："鸾镜晓匀妆，慢把花钿饰，真如绿水中，一朵芙蓉出。"（《金石索》）在镜子的两面就表现了两种不同的美。后来宋词人李德润也有这样的句子："强整娇姿临宝镜，小池一朵芙蓉。"被况周颐评为"佳句"（《蕙风词话》）。

钟嵘很明显赞美"初发芙蓉"的美。唐代更有了发展。唐初四杰，还继承了六朝之华丽，但已有了一些新鲜空气。经陈子昂到李太白，就进入了一个精神上更高的境界。李太白诗："清水出芙蓉，天然去雕饰"，"自从建安来，绮丽不足珍。圣代复元古，垂衣贵清真"。"清真"也就是清水出芙蓉的境界。杜甫也有"直取性情真"的诗句。司空图《诗品》虽也主张雄浑的美，但仍倾向于"清水出芙蓉"的美："生气远出，妙造自然。"宋代苏东坡用奔流的泉水来比喻诗文。他要求诗文的境界要"绚烂之极归于平淡"，即不是停留在工艺美术的境界，而要上升到表现思想情感的境界。平淡并不是枯淡，中国向来把"玉"作为美的理想。玉的美，即"绚烂之极归于平淡"的美。可以说，一切艺术的美，以至于人格的美，都趋向玉的美，内部有光采，但是含蓄的光采，这种光采是极绚烂，又极平淡。苏轼又说："无穷出清新。""清新"与"清真"也是同样的境界。

清代刘熙载《艺概》也认为这两种美应"相济有功。"即形式的美与思想情感的表现结合，要有诗人自己的性格在内。近代王国维《人间词话》提出诗的"隔"与"不隔"之分。清真清新如陶谢便是"不隔"，雕缋雕琢如颜延之便是"隔"。"池塘生春草"好处就在"不隔"。而唐代李商隐的诗则可说是一种"隔"的美。

这条线索，一直到现在还是如此。我们京剧舞台上有浓厚的彩色的美，美丽的线条，再加上灯光，十分动人。但艺术家不停留在这境界，要如仙鹤高飞，向更高的境界走，表现出生活情感来。我们人民大会堂的美也可以说是绚烂之极归于平淡。这是美感的深度问题。

这两种美的理想，从另一个角度看，正是艺术中的美和真、善的关系问题。

艺术的装饰性，是艺术中美的部分。但艺术不仅满足美的要求，而且满足思想的要求，要能从艺术中认识社会生活、社会阶级斗争和社会发展规律。艺术品中本来有这两个部分：思想性和艺术性。真、善、美，这是统一的要求。片面强调美，就走向唯美主义；片面强调真，就走向自然主义。这种关系，在古代艺术家（工匠）那里，主要就是如何把统治阶级的政治含义表现美，即把器具装饰起来以达到政治的目的。另方面，当时的哲学家、思想家在对于这些实际艺术品的批判时，也就提供了关于美同真、善的关系的不同见解。如孔子批判其过分装饰，而要求教育的价值；老庄讲自然，根本否定艺术，要求放弃一切的美，归真返朴；韩非子讲法，认为美使人心动摇、浪漫，应该反对；墨子反对音乐，认为音乐引导统治阶级奢侈、不顾人民痛苦，认为美和善是相违反的。

（节选自《中国美学史中重要问题的初步探索》。原刊《文艺论丛》第 6 辑，上海人民出版社 1979 年版。）

精彩一句：

这两种美的理想，从另一个角度看，正是艺术中的美和真、善的关系问题。

广新品鉴：

中国传统文化围绕人生展开，注重天人合一、知行合一以及情景合一。对艺术则要求真善美的高度统一：既要体现"天"道、社会生活之真，也要展示悲天悯人之善，更要在二者的整合中幻化出情景交融的意境之美。

"错彩镂金"与"芙蓉出水"同为中国美学史上典型的美感，展现了中华传统艺术的绚丽多姿，也体现了中华民族高逸的人生理想。

虚和实（化景物为情思）

上面讲了虚实问题的一个方面，即思想家认为客观现实是个虚实结合的世界，所以反映为艺术，也应该虚实结台，才有生命。现在再讲虚实问题的另一个方面，即思想家还认为艺术要主观和客观相结合，才能创造美的形象。这就是化景物为情思的思想。

宋人范晞文《对床夜语》说："不以虚为虚，而以实为虚，化景物为情思，从首至尾，自然如行云流水，此其难也。"

化景物为情思，这是对艺术中虚实结合的正确定义。以虚为虚，就是完全的虚无；以实为实，景物就是死的，不能动人；唯有以实为虚，化实为虚，就有无穷的意味，幽远的境界。

清人笪重光《画筌》说："实景清而空景现"，"真境逼而神境生"，"虚实相生，无画处皆成妙境。"清人邹一桂《小山画谱》说："实者逼肖，则虚者自出"。这些话也是对于虚实结合的很好说明。艺术通过逼真的形象表现出内在的精神，即用可以描写的东西表达出不可以描写的东西。

我们举一些实例来说明这个问题。

《三岔口》这出京戏，并不熄掉灯光，但夜还是存在的。这里夜并非真实的夜，而是通过演员的表演在观众心中引起虚构的黑夜，是情感思想中的黑夜。这是一种"化景物为情思"。

《梁祝相送》可以不用布景，而凭着演员的歌唱、谈话、姿态表现出四周各种多变的景致。这景致在物理学上不存在，在艺术上却是存在的，这是"无画处皆成妙境"。这不但表现出景物，更重要的结合着表现了内在的精神。因此就不是照相的真实，而是挖掘得很深的核心的真实。这又是一种"化景物为情思"。

《史记·封禅书》写海外三神山，用虚虚实实的文笔，描写空灵动荡的风景，同时包含着对汉武帝的讽刺。作家要表现的历史上真实的事件，却用了一种不易捉摸的文学结构，以寄托他自己的情感、思想、见解。这是"化景物为情思"，表现出司马迁的伟大艺术天才。

范晞文《对床夜语》论杜甫诗："老杜多欲以颜色字置第一字，却引实事来。如'红入桃花嫩，青归柳叶新'是也。不如此，则语既弱而气亦馁。""红"本属于客观景物，诗人把它置第一字，就成了感觉、情感里的"红"。它首先引起我的感觉情趣，由情感里的"红"再进一步见到实在的桃花。经过这样从情感到实物，"红"就加重了，提高了。实化成虚，虚实结合，情感和景物结合，就提高了艺术的境界。

诗人欧阳修有首诗："夜凉吹笛千山月，路暗迷人百种花，棋罢不知人换世，酒阑无赖客思家。"这里情感好比是水，上面飘浮着景物。一种忧郁美丽的基本情调，把几种景致联系了起来。化实为虚，化景物为情思，于是成就了一首空灵优美的抒情诗。

《诗经·硕人》："手如柔荑，肤如凝脂，领如蝤蛴，齿如瓠犀。螓首蛾眉，巧笑倩兮，美目盼兮。"前五句堆满了形象，非常"实"，是"镂金错采、雕缋满眼"的工笔画。后二句是白描，是不可捉摸的笑，是空灵，是"虚"。这二句不用比喻的白描，使前面五句形象活动起来了。没有这二句，前面五句可以使人感到是一个庙里的观音菩萨。有了这二句，就完成了一个如"初发芙蓉，自然可爱"的美人形象。

近人王蕴章《燃脂余韵》载："女士林韫林，福建莆田人，暮春济宁（山东）道上得诗云：'老树深深俯碧泉，隔林依约起炊烟，再添一个黄鹂语，便是江南二月天。'有依此绘一便面（扇面）者，韫林曰：'画固好，但添个黄鹂，便失我言外之情矣。'"在这里，诗的末二句是由景物所生起之"情思"，得此二句遂能化景物为情思，完成诗境，亦即画境进入诗境。诗境不能完全画出来，此乃"诗"与"画"的区别所在。画实而诗为画中之虚。虚与实，画与诗，可以统一而非同一。

以上所说化景物为情思、虚实结合，在实质上就是一个艺术创造的问题。艺术是一种创造，所以要化实为虚，把客观真实化为主观的表现。清代画家方士庶说："山川草木，造化自然，此实境也；画家因心造境，以手运心，此虚境也。虚而为实，在笔墨有无间。"（《天慵庵随笔》）这就是说，艺术家创造的境界尽管也取之于造化自然，但他在笔墨之间表现了山苍木秀、水活石润，是在天地之外别构一种灵奇，是一个有生命的、活的，世界上所没有的新美、新境界。凡真正的艺术家都要做到这一点，虽然规模大小不同，但都必须有新的东西，新的体会，新的看法，新的表现，他的作品才能丰富世界，才有价值，才能流传。

（节选自《中国美学史中重要问题的初步探索》。原刊《文艺论丛》第 6 辑，上海人民出版社 1979 年版。）

精彩一句：

以虚为虚，就是完全的虚无；以实为实，景物就是死的，不能动人；唯有以实为虚，化实为虚，就有无穷的意味，幽远的境界。

广新品鉴：

世间的物象是客观存在的，但是对人类来讲，由于长期的实践活动，万物都和我们的生活建立了联系，都与我们的情感产生了关联。所谓"山含情，水含笑"。尤其是在艺术家眼里，一草一木都充满了灵性，可以"相看两不厌"。可见的物象与可感的情韵，二者虚实结合，构成中华传统艺术的精妙所在。

气韵生动和迁想妙得（见洛阳西汉墓壁画）

六朝齐的谢赫，在《古画品录》序中提出了绘画"六法"成为中国后来绘画思想、艺术思想的指导原理。"六法"就是：（一）气韵生动，（二）骨法用笔，（三）应物象形，（四）随类赋彩，（五）经营位置，（六）传移模写。

希腊人很早就提出"模仿自然"。谢赫"六法"中的："应物象形"、"随类赋彩"是模仿自然，它要求艺术家睁眼看世界：形象、颜色，并把它表现出来。但是艺术家不能停留在这里，否则就是自然主义。艺术家要进一步表达出形象内部的生命，这就是"气韵生动"的要求。气韵生动，这是绘画创作追求的最高目标，最高的境界，也是绘画批评的主要标准。

气韵，就是宇宙中鼓动万物的"气"的节奏与和谐。绘画有气韵，就能给欣赏者一种音乐感。六朝山水画家宗炳，对着山水画弹琴说"欲令众山皆响"，这说明山水画里有音乐的韵律。明代画家徐渭的《驴背吟诗图》，使人产生一种驴蹄行进的节奏感，似乎听见了驴蹄的答答的声音，这是画家微妙的音乐感觉的传达。其实不单绘画如此，中国的建筑、园林、雕塑中都潜伏着音乐感——即所谓"韵"。西方有的美学家说：一切的艺术都趋向于音乐。这话是有部分的真理的。

再说"生动"。谢赫提出这个美学范畴，是有历史背景的。在汉代，无论绘画、雕塑、舞蹈、杂技，都是热烈飞动、虎虎有生气的。画家喜欢画龙、画虎、画飞鸟、画舞蹈中的人物。雕塑也大多表现动物。所以，谢赫的"气韵生动"，不仅仅是提出了一个美学要求，而且首先是对于汉代以来的艺术实践的一个理论概括和总结。

谢赫以后，历代画论家对于"六法"继续有所发挥。如五代的荆浩解释"气韵"二字："气者，心随笔运，取象不惑。韵者，隐迹立形，备遗不俗。"（《笔法记》）这就是说，艺术家要把握对象的精神实质，取出对象的要点，同时在创造形象时又要隐去自己的笔迹，不使欣赏者看出自己的技巧。这样把自我溶化在对象里，突出对象的有代表性的方面，就成功为典型的形象了。这样的形象就能让欣赏者有丰富的想象的余地。所以黄庭坚评李龙眠的画时说，"韵"者即有余不尽。

为了达到"气韵生动"，达到对象的核心的真实，艺术家要发挥自己的艺术想象。这就是顾恺之论画时说的"迁想妙得"。一幅画既然不仅仅描写外形，而且要表现出内在神情，就要靠内心的体会，把自己的想象迁入对象形象内部去，这就叫"迁想"；经过一番曲折之后，把握了对象的真正神情，是为"妙得"。颊上三毛，可以说是"迁想妙得"了——也就是把客观对象真正特性，把客观对象的内在精神表现出来了。

顾恺之说："台榭一定器耳，难成而易好，不待迁想妙得也。"这是受了时代的限制。后来山水画发达起来以后，同样有人的灵魂在内，寄托了人的思想情感，表现了艺术家的个性。譬如倪云林画一幅茅亭，就不是一张建筑设计图，而是凝结着画家的思想情感，传达出了画家的风貌。这就同样需要"迁想妙得"。

总之，"迁想妙得"就是艺术想象，或如现在有些人用的术语：形象思维。它概括了艺术创造、艺术表现方法的特殊性。后来荆浩《笔法记》提出的图画六要中的"思"（"思者，删拨大要，凝想形物"），也就是这个"迁想妙得"。

（节选自《中国美学史中重要问题的初步探索》。
原刊《文艺论丛》第 6 辑，上海人民出版社 1979 年版。）

精彩一句：

艺术家要把握对象的精神实质，取出对象的要点，同时在创造形象时又要隐去自己的笔迹，不使欣赏者看出自己的技巧。

广新品鉴：

英国诗人艾略特提出著名的"非个人化"理论及"客观对应物"说，认为高明的艺术家应该隐藏个人的情感，运用与人类普遍情感相对应的客观物象来表达感受，从而使艺术品与读者、观众产生共鸣。这与荆浩解释"气韵"的思想有异曲同工之妙。可见艺术相通，无论古今，无论中外。要使艺术境界"气韵生动"，在艺术创造时，就必须把握能使人们普遍能够产生情感反应的物象，这样才能"迁想妙得"，使艺术成为人民的艺术，而非个人"小我"的顾影自怜。

声中无字　字中有声

　　从逻辑语言进到音乐语言，就产生了一个"字"和"声"的关系问题。

　　"字"就是概念，表现人的思想。思想应该正确反映客观真实，所以"字"里要求"真"。音乐中有了"字"，就有了属于人、与人有密切联系的内容。但是"字"还要转化为"声"，变成歌唱，走到音乐境界。这就是表现真理的语言要进入到美。"真"要融化在"美"里面。"字"与"声"的关系，就是"真"与"美"的关系。只谈"美"，不谈"真"，就是形式主义、唯美主义。既真又美，这是梅兰芳一生追求的目标。他运用传统唱腔，表现真实的生活和真实的情感，创造出真切动人的新的美，成为一代大师。

　　宋代的沈括谈到过"字"与"声"的关系，提出了中国歌唱艺术的一条重要规律："声中无字，字中有声。"他说：

　　　　古之善歌者有语，谓"当使声中无字，字中有声"。凡曲，止是
　　　　一声清浊高下如萦缕耳，字则有喉唇齿舌等音不同。当使字字举本皆
　　　　轻圆，悉融入声中，令转换处无磊魂，此谓"声中无字"，古人谓之

"如贯珠"，今谓之"善过度"是也。如宫声字而曲合用商声，则能转宫为商歌之，此"字中有声"也，善歌者谓之"内里声"。不善歌者，声无抑扬，谓之"念曲"；声无含韫，谓之"叫曲"。（《梦溪笔谈》卷五）

"字中有声"，这比较好理解。但是什么叫"声中无字"呢？是不是说，在歌唱中要把"字"取消呢？是的，正是说要把"字"取消。但又并非完全取消，而是把它融化了，把"字"解剖为头、腹、尾三个部分，化成为"腔"。"字"被否定了，但"字"的内容在歌唱中反而得到了充分的表达。取消了"字"，却把它提高和充实了，这就叫"扬弃"。"弃"是取消，"扬"是提高。这是辩证的过程。

戏曲表演里讲究的"咬字行腔"，就体现了这条规律。"字"和"腔"就是中国歌唱的基本元素。咬字要清楚，因为"字"是表现思想内容，反映客观现实的。但为了充分的表达，还要从"字"引出"腔"。程砚秋说，咬字就如猫抓老鼠，不一下子抓死，既要抓住，又要保存活的。这样才能既有内容的表达，又有艺术的韵味。

"咬字行腔"，是结合现实而不断发展的。例如马泰在评剧《夺印》中，通过声音的抑扬高低，表现了人物的高度政治原则性。这在唱腔方面就有所发展。近来在京剧演现代戏里更接触到从生活出发，从人物出发来发展和改进京剧唱腔和曲调的问题，值得我们注意。

（节选自《中国美学史中重要问题的初步探索》。原刊《文艺论丛》第6辑，上海人民出版社1979年版。）

精彩一句：

"真"要融化在"美"里面。

广新品鉴：

"字正腔圆"，向来是对戏曲演唱功力的基本要求。传知达意的普通生活语言，本来以准确、真切为基本要求，运用到戏曲艺术中，便要结合着音乐，幻汇入音乐，在传递信息的同时，带给听众美感，成为艺术的音响。宗先生称之为真与美的统一。

求真、向善，再有艺术使我们的生活、生命充满美感，人生才真正圆融，丰满。